"筑黔"国际战略、绿色治理与区域国别"教学—科研"互构丛书

贵州大学引进人才科研项目：现代环境治理体系背景下公众参与生态环境治理的意识与行为研究（贵大人基合字（2023）054号）
贵州大学高层次人才科研及平台建设项目资助
贵州大学AI课程建设项目："AI赋能'国际战略学'课程的实践探索与理论创新研究（XJG2024104）"资助
贵州省哲学社会科学创新工程资助项目资助

生活垃圾分类治理的农户参与：
政府支持、社会资本与环境感知

林 丽 著

U0241763

中国纺织出版社有限公司

内 容 提 要

　　本书梳理国内外相关研究成果，以及具体的农村垃圾分类实践，基于此提出本书的研究框架及可行的研究方法。基于协同治理视角，分析我国农村生活垃圾分类治理现状，建立政府支持、社会资本直接影响农户参与生活垃圾分类行为的模型，以及两者分别通过个人环境感知间接影响农户垃圾分类的多重链式中介模型，并通过实证进行了验证。基于实证分析结果，结合实地调研访谈资料，构建农村地区生活垃圾分类协同动员机制以及"阶段式—协同—循环"垃圾分类互构治理新模式，并提出各阶段各层级的垃圾分类对策建议。

图书在版编目（CIP）数据

　　生活垃圾分类治理的农户参与：政府支持、社会资本与环境感知 / 林丽著 . -- 北京：中国纺织出版社有限公司，2024．9． -- ISBN 978-7-5229-2003-0

　　Ⅰ．X799.305

　　中国国家版本馆 CIP 数据核字第 2024H9V475 号

责任编辑：史　岩　　责任校对：高　涵　　责任印制：储志伟

中国纺织出版社有限公司出版发行
地址：北京市朝阳区百子湾东里A407号楼　邮政编码：100124
销售电话：010—67004422　传真：010—87155801
http://www.c-textilep.com
中国纺织出版社天猫旗舰店
官方微博 http://weibo.com/2119887771
天津千鹤文化传播有限公司印刷　各地新华书店经销
2024年9月第1版第1次印刷
开本：710×1000　1/16　印张：11.25
字数：172千字　定价：99.90元

目　录

第1章　绪论

第2章　理论基础与文献综述

第3章　生活垃圾分类治理的农户参与：理论框架

第 8 章　研究结论、政策启示与 进一步研究方向

第1章 绪论

1.1 问题的提出

中国农村社会经济的快速发展以及城镇化进程的加快带来了农村居民生活水平的不断提升和消费活动的日趋频繁，使得农村家庭生活垃圾的排放量急剧增加。相较城市生活垃圾而言，由于农村地域广阔、农户居住密度低，农村生活垃圾呈现出总量逐年增多、结构日趋复杂、分布散乱等特点，生活垃圾逐渐成为影响人们生活的重要污染源，也逐渐转变成全球性的环境问题。传统的混合式处理方法不仅影响了人们的居住环境，损害了人们的身体健康，还对全球的生态环境造成了极大威胁。为了推进农村生活垃圾分类治理，国家先后出台了许多政策。2016 年 10 月，中共中央、国务院印发的《"健康中国 2030"规划纲要》中提出"要全面加强农村垃圾治理"。2017 年 1 月，《农村人居环境整治三年行动方案》将农村垃圾治理作为改善农村人居环境的重要一环。2019 年，习近平总书记对垃圾分类工作作出重要指示，并强调要开展广泛的教育引导工作，让广大人民群众认识到实行垃圾分类的重要性和必要性，通过有效的督促引导，让更多人行动起来，培养垃圾分类的好习惯，全社会人人动手，一起为改善生活环境作努力，一起为绿色发展、可持续发展做贡献。2020 年，"中央一号文件"《中共中央、国务院关于抓好"三农"领域重点工作确保如期实现全面小康的意见》明确指出"全面推进农村生活垃圾治理"；2021 年 2 月 21 日，中央颁布《关于全面推进乡村振兴加快农村现代化的意见》，明确提出了"健全农村生活垃圾收运处置体系，推进源头分类减量、资源化处理利用"等具体规定。2022 年，党的二十大报告提出"全面推进乡村振兴"，强调"建设宜居宜业和美乡村"，增进民生福祉，提高人民生活品质。农村要逐步基本具备现代生活条件，垃圾、污水处理等人居环境条件还需持续改善。由此可见，我国亟须探索因地制宜进行农村生活垃圾分类治理的新路径。

农村生活垃圾分类工作是一个涉及公共产品供给的复杂社会问题，已有的研究及实践表明，分类治理工作涉及多个主体，仅靠政府进行分类治理效果明显不佳。究其原因，一是农民作为垃圾分类源头者及最直接的受益者，其参与内生动力未被有效激发；二是由关系网络和乡规民约联结而成的"熟人社会"的社会资本功能未被充分调动；三是作为典型公共物品的农村生活垃圾，非竞争性和非排他性导致治理过程中的"搭便车"现象频发，政府支持的潜力未被充分挖掘。

因此，本书从协同治理视角，在外部性理论、计划行为理论、集体行动理论、社会资本理论等的基础上，对贵州省农村地区开展实地调研及深度访谈，通过获取的 884 份有效农户微观调研数据，构建农户参与生活垃圾分类的内外在驱动理论机理，并采用有序多分类 Logistics 模型、多重链接中介模型、调节效应模型，实证检验政府支持、社会资本及农户环境感知对农户参与生活垃圾分类行为的影响路径，试图从政府支持、社会资本、个人环境感知等内外部环境因素出发，研究政府支持和社会资本对农户参与生活垃圾分类行为的直接驱动机理以及内外部影响因素之间可能的作用机理。在实证分析的基础上，结合国外有关垃圾分类的典型经验，从政府支持、社会资本、个人环境感知等协同治理层面，构建贵州省农村地区农户参与生活垃圾分类协同治理新模式。

1.2 研究目的及意义

1.2.1 研究目的

本书以协同治理视角下，依据已有研究结论即农户积极参与是农村生活垃圾分类治理的关键因素，在充分考虑影响农户参与农村生活垃圾分类治理行为的内外部驱动因素的基础上，将外部因素中政府支持、社会资本及内部因素中个人环境感知统一纳入分析框架，以贵州省农村地区为例，采用实证研究方法，探讨分析政府支持、社会资本对农户参与农村生活垃圾分类行为的影响机理，以期探索和改进农户生活垃圾分类行为的有效路径及政策优化途径。具体目标如下：

通过对农村生活垃圾分类协同治理的必要性及对农户参与的主体地位的重

要性进行学术梳理，结合对贵州省农村地区的实地调研数据分析贵州省农村生活垃圾分类协同治理的困境，重点探讨政府支持、社会资本的内涵、特征及其对农户参与生活垃圾分类行为的影响的理论机理与驱动因素。

从协同治理视角出发，理论阐释政府支持、社会资本等外部环境及农户自身的环境感知等变量对农户参与垃圾分类行为的驱动机理，从不同维度、不同层次构建政府支持、社会资本影响农户参与行为的分析研究框架。分别阐释政府支持、社会资本对农户参与垃圾分类行为的直接影响机理，以及将环境感知作为中介变量的间接驱动影响机理。在此基础上，具体阐释社会资本在政府影响农户垃圾分类参与行为中的作为非正式制度的调节机理。

根据本书所构建的理论框架，实证检验政府支持、社会资本对农户参与生活垃圾分类行为的影响。验证社会资本在政府支持影响农户垃圾分类行为中的调节作用；验证环境感知在政府支持、社会资本影响农户生活垃圾分类行为中的独立中介及多重链式中介作用，以期进一步揭示政府支持、社会资本与农户生活垃圾分类行为之间的内在逻辑。

结合已有文献研究、具体实践以及本书的实证分析，从政府支持、社会资本等外部因素以及环境感知等个人内部影响因素出发，探索内外部因素共同驱动下的农户生活垃圾分类行为的提升路径，以期为持续推进农村生活垃圾分类和资源化利用提供有益的政策参考。

1.2.2　研究意义

（1）理论意义

第一，随着乡村振兴战略的全面实施，农村人居环境的持续改善目前已成为美丽中国建设的重要任务，其推进离不开农村生活垃圾的有效治理。近年来，我国农村生活垃圾治理工作整体上取得了一定成效，但垃圾随意丢弃导致"垃圾围村"现象依然存在，农户参与垃圾治理的主体地位还未充分得到挖掘，参与的积极性还未充分调动起来。因此，为充分发挥农户生活垃圾治理的主体作用，积极调动农户参与农村生活垃圾分类治理的积极性，需要探索影响农户参与行为的内外部因素，基于政府支持、社会资本的视角，挖掘影响农户参与分类治理的意愿及行为因素，揭示政府支持与社会资本对农户个人参与分类行为的影响机理，为农户参与生活垃圾分类治理提供理论支撑，同时为持续推进农村人居环境改善提供理论借鉴。

第二，本书以协同治理的视角，将管理学、经济学、社会学、心理学等多学科相融合，基于政府规制理论、集体行动理论、社会资本理论、计划行为理论，从政府层面、社会层面及个人层面探究政府支持、社会资本对农户参与农村生活垃圾分类行为的影响因素，尝试构建农户参与农村生活垃圾分类治理的理论框架与实证分析体系，综合运用跨学科的理论分析方法研究农村生活垃圾分类问题，丰富了这些学科的理论研究体系。

第三，本书不仅从政府支持、社会资本视角探究农户参与生活垃圾分类行为的影响，还考虑内部个人环境感知作用于垃圾分类行为时对外部环境的依赖性，即深入分析政府支持、社会资本在个人环境感知影响农户垃圾分类行为中的调节作用，大大丰富了农户生活垃圾分类行为的相关研究，这有利于进一步挖掘农户参与生活垃圾分类的深层次动因及具有的影响路径。多学科交叉的研究体系有利于解决现有理论对行为研究解释能力不足的问题，创新农户生活垃圾分类相关研究理论体系。

（2）现实意义

第一，本书以协同治理视角从政府层面、社会资本层面及个人环境感知层面研究农村生活垃圾治理中农户参与行为，有利于深入分析影响农户参与生活垃圾分类的内外部因素，有助于政府政策性处理意见的产生，有利于充分挖掘农村社区资源，营造"全民参与、农户为主"的良好社区环境，有利于强化农户环境感知，提升其垃圾分类意识，充分发挥农户的生活垃圾分类的主体作用，进而促进农村生活垃圾的可持续发展，为全面建设生态宜居新农村指明方向。

第二，解读微观层面即农户参与生活垃圾分类的影响因素有利于深度挖掘垃圾分类行为所受到的内外部环境因素的影响，厘清导致农户不分类的阻碍。在生活垃圾分类成为"新时尚"并在全国各地如火如荼开展的大背景下，本书通过收集贵州省各地州市农村地区884份农户的实际调研微观数据，整理分析贵州省农村生活垃圾分类协同治理现状、农户参与生活垃圾分类行为意愿以及内外部影响因素，对农户生活垃圾分类过程中的现实困境进行实证分析，挖掘出影响农户参与垃圾分类的内在机理，并试图从政府层面、社会集体层面和个人层面构建农村生活垃圾分类协同治理新模式，这有助于提升居民生活垃圾分类工作的积极性和有效性，具有一定的现实意义和政策蕴含。

第三，通过实证检验政府支持、社会资本、个人环境感知对农户参与生活垃圾分类行为的影响，根据验证结果得出的政府层面、社会集体层面及个人层面对农户参与行为的具体影响因素，本书提出充分调动农户参与农村生活垃圾分类的积极性的各层级对策及建议，促进农户生活垃圾分类水平的不断提升，为早日完善农村人居环境进而实现乡村振兴战略打下坚实的基础。

1.3 概念界定

1.3.1 政府支持

已有研究表明学术界基本将生活垃圾处理当作一种准公共物品，其本质上属于准公共物品的治理。农村生活垃圾具有其特殊性，从治理主体来说，政府、社会、农户个人都是其治理过程中重要的主体，因为政府供给存在的风险性、私人部门治理的高成本性，加之农民群众知识及技术的欠缺性，使农村生活垃圾多主体协同治理成为必由之路。在协同治理过程中，政府通过公共物品的供给者，其公共物品管理的供给质量直接决定了公共物品管理的成效。农村生活垃圾分类治理中政府支持可以理解为：从鼓励农户参与垃圾分类的角度看，政府支持是指政府通过政策制定、财政支持等方式支持农村垃圾治理的公共产品供给，从而鼓励农户进行垃圾分类的行为选择。从支持的形式看，政府支持包括政策支持、财政支持、项目支持、技术支持和组织管理支持等。从支持的方式看，政府支持可分为间接支持和直接支持。间接支持是指政府以基层政府或村委会为"媒介"来实施对农户的支持。直接支持是指直接以农户作为支持对象，提供各类环境治理的、农业废弃物资源化的专项补贴等。本书采用的即是政府的直接支持维度的概念。参照盖豪等学者对政府支持的内涵，笔者将垃圾分类中的政府支持界定为：一是政府提供制定并大力宣传相关政策，具体包括垃圾分类的具体知识、政策法规以及各类奖惩措施等；二是工具支持，具体包括提供资金支持、基础设施建设、专业人才输送及服务的提供等；三是信息支持，具体包括农村生活垃圾分类治理中的新技术推广，比如生活垃圾分类智慧监管平台的使用及推广。因此，本书将政府支持定义为政府在农村生活垃圾分类治理中提供的一系列有效措施。

1.3.2 社会资本

目前学术界对社会资本的内涵尚未形成相对统一的概念，但都从自身的学科范畴与研究范式出发对其进行了探索及概括，形成了微观、中观和宏观三个研究层面的概念。宏观层次的社会资本主要是基于区域或国家的宏观视角，研究社会资本存量在地区经济增长中的作用发挥。微观层面和中观层面的社会资本，重点关注个体行动者所处社会网络的结构性特征以及网络间的互动情况对个体社会资源获取能力的影响。结合本书的研究主题，笔者基于现有学界对社会资本逐渐收敛的社会信任、社会规范和社会网络三个方面的认知对农户参与农村生活垃圾分类行为进行探索研究，深入分析农户的参与行为社会层面的驱动因素。具体而言，社会资本作为影响集体行动的关键因素，对农户参与生活垃圾分类意愿和行为具有重要作用。社会网络是群体之间互动形成的关系网，可拓展信息渠道、减少信息不对称，进而增强环境保护认知，提高保护意愿。社会信任是指个体间及个体与组织间的信任程度，它们决定了群体间的合作能否有效达成，较高的信任关系有助于增强彼此间的认同感，使个人愿意依据他人的建议和行为做出决策。社会规范是在人们共同的生产生活活动中，长期积淀形成的关于强制性、允许性或禁止性等行为的共同价值体系，主要用于约束自身行为、调节人际交往关系以及维护社会秩序，具体包括相关法律准则、政策制度等正式规范和村规民约、风俗习惯及道德约束等非正式规范。

1.3.3 环境感知

每个人都生活在一定的环境中，由于受环境及文化的影响，人们头脑中必然形成一种印象，这种由环境影响而形成的印象，就称为环境感知。随着生态环境的日益恶化以及自然灾害频繁发生，人们对环境的认识更加深刻。本书中环境关心的概念是基于心理学态度理论的知情意行，以及学术界普遍认可和采用的概念，即人们意识到并支持解决这些环境问题的程度或者为解决这类问题而愿意做出的贡献。从农户参与农村生活垃圾分类行为来说，这一概念涵盖的内容有：一是农户对于农村生态环境保护的意识，即本书中体现为垃圾分类意识；二是对农村生态环境保护的支付意愿，即农户对生活垃圾分类相关费用的支付意愿；三是农户参与环境保护的具体行为，即本书的研究核心农户的参与行为。综上所述，本书将环境关心定义为人们意识并关心环境保护的重要性并愿意参与环境保护的行动，具体包括其自身的环境保护意识、环境保护认知、态度、环境价值观、污染感知、垃圾分类关注度等。

1.3.4　农户参与

"公众参与"是一个外来概念，国内外对其有不同的理解。1960年，阿诺德·考夫曼（Arnold Kaufmann）首次提出"参与民主"（Participatory Democracy）这一概念，这个概念早期被运用到为了争取公民权的美国学生运动中。之后很长一段时间内，西方学术界对公众参与的研究主要集中在政治参与，尤其是以选举为核心的政治参与领域。公众参与包括政治参与，还涉及社会参与等多种类型的活动，比如，参与社团、志愿服务、共同解决社区问题等。西方学术界将公众参与定义为公民试图影响公共政策和公共生活的一切活动。在西方参与式民主的实践中，根据参与的程度将公众参与分为操纵（假参与）、训导（假参与）、告知（表面参与）、咨询（表面参与）、展示（高层次表面参与）、合作（深度参与）、授权（深度参与）、公众控制（深度参与）8种类型，西方学者和政府在其具体的参与式民主实践中也遇到了一些操作性问题。中国在回顾及分析西方参与式民主的具体实践中，结合自身实际，聚焦全过程人民民主视野下积极探索广大公众参与的具体实践。

"农户参与"即是将"公众参与"的"公众"明确为"农户"，其参与是指其主动参与农村地区的公共事物的计划、商议、决策和实施等各个环境，在维护其自身权益的基础上，对所在地区的发展贡献自己的一份力量。

综上所述，本书所指的农村生活垃圾分类治理中的农户参与，是指农户在农村生活垃圾这一公共物的具体管理中，从垃圾分类的源头投放、分类收集、分类运输及分类处置的全过程的主动参与，以及在农村生活垃圾分类协同治理下，在政府的积极引导下，在社会资本的参与下，积极发挥农户参与的主体作用。

1.3.5　农村生活垃圾及其分类行为

随着人们环境保护意识的不断提升，国内外学术界都对与人民大众生活环境休戚相关的生活垃圾治理进行了积极探索。不仅如此，国家还从法律层面对生活垃圾相关概念及类型进行了明确定义。生活垃圾是指在日常生活中或者为日常生活提供服务的活动中产生的固体废物，以及法律、行政法规规定视为生活垃圾的固体废物。学界并没有就此达成较为一致的认识，不同领域的学者都在参照生活垃圾的法律定义基础上，从各自的研究领域和研究角度出发赋予其一定的含义进行探索和研究。但可以确定的是，随着我国目前农村生活垃圾问题的严峻性日渐暴露，相关的治理理论被广泛地运用到这一领域。

本书基于国家规定的垃圾分类标准将农村生活垃圾分类治理界定为对农村居民在日常生活中所废弃的不需要或者无用的固体、液体等物质的分类投放、收集、运输及处置的可持续分类过程，根据不同类别生活垃圾的组成成分，选择科学有效的处理方式，通过"分"的手段，达到"治"的目的，从而实现农村生活垃圾的无害化、减量化和资源化治理。在具体的类型划分上，各地区在国家统一划分标准的基础上结合各地、各区、各社（区）、各小区地理、经济发展水平、企业回收利用废弃物的能力、居民来源、生活习惯、经济与心理承担能力的实际情况因地制宜地开展垃圾分类工作。本书在此基础上，将农村生活垃圾的类型划分作以下说明：

①本书所提农村生活垃圾这一概念不包含有害物质垃圾、建筑垃圾和农户生产垃圾。

②本书界定的生活垃圾既包含可以出售的部分，也包含农户随意丢弃的部分。

1.4　研究思路及方法

1.4.1　研究思路

本书拟通过探究农户参与农村生活垃圾分类行为的积极性及驱动机理，以解决农村现有的内源性垃圾污染问题。基于政府规制理论、集体行动理论、社会资本理论、态度—行为—情境理论，将政府支持、社会资本对农户参与垃圾分类行为的影响纳入同一研究框架，利用贵州省农村地区的微观调研数据进行实证检验。本书主轴沿着"农村生活垃圾协同治理的迫切性—农户参与的必要性及困境—农户参与的内外部环境影响因素—实证分析—农村生活垃圾分类协同治理新模式—农村生活垃圾分类政策建议"这条内在逻辑线路展开。首先，本书基于已有文献分析和具体实践提出农村生活垃圾分类协同治理的迫切性以及农户在农村生活垃圾分类治理中的主体地位的重要性，并分析目前贵州农村地区农户在生活垃圾分类治理中的参与困境及可能的原因，发现政府支持、社会资本及农户自身的环境感知等内外部环境共同影响农户的参与行为。其次，以农户生活垃圾分类行为为因变量，以协同治理视角，分别从政府层面、社会层面、个人层面引入政府支持、社会资本、个人环境感知等作为解释农户参与行为影响因素的关键变量，在构建农户参与农村生活垃圾分类行为的整体理论框架的基础上，进一步探析农户参与分类行为的协同治理形成机制。基于协同治理机制整体逻辑，采用有序多分类 Logistic 模型，分别从政府支持、社会资本维度构建二者影响农户参与生活垃圾治理的指标体系，并构建农户个人环境感知在政府支持和社会资本影响农户参与行为中的多重链式中介模型，由此探析政府支持和社会资本二者在影响农户垃圾分类行为中可能的相互作用。具体而言，本书的因变量为农户参与垃圾分类行为，自变量选取政府支持和社会资本。政府支持维度主要从政府开展的宣传等信息支持、有关垃圾分类的奖惩制度等激励支持，以及基础设施建设支持等维度进行测度；社会资本维度主要从农户的社会互动、社会认同及社会信任等维度进行测度；中介变量即个人环境感知主要从农户的环境保护意识及垃圾分类关注维度进行测度。控制变量选取了受访者的性别、年龄、受教育程度、职业、居住年限、身体状况等人口统计学特征以及垃圾分类设施距离进行测度。再次，对贵州省农村地区农户参与生活垃圾分类情况开展实际调研，通过调研微观数据进行实证分析。最后，基于以上理论分析及实证分析结果从协同治理主体各层面，即政府支持层面、社会层面及个人层面提出提升农户参与农村生活垃圾分类积极性的各层级建议并构建农村地区垃圾分类协同治理创新模式。本书的技术路线为"理论研究—数据获取—实证分析—理论成果、模式构建与政策建议"，研究思路如图 1-1 所示。

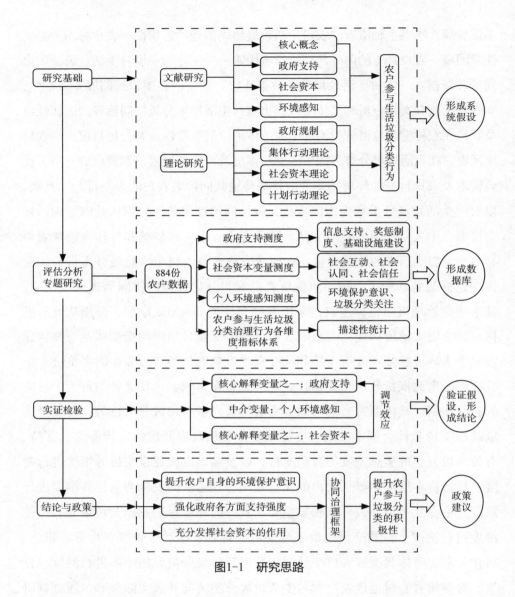

图1-1　研究思路

1.4.2　研究方法

结合研究思路及研究内容，本书主要研究方法及其具体运用如下：

1）运用文献研究法搜集、鉴别国内外有关农户参与农村公共物品供给、农村生活垃圾治理、农村环境治理以及农村生活垃圾分类管理工作等相关已有研究，这有助于定位本书科学研究问题。

2）运用规范分析方法，从理论层面探究影响农户参与生活垃圾分类行为的内外驱动因素，并构建本书的整体理论研究框架，诠释政府支持、社会资本对农户参与分类行为的直接及间接影响路径以及二者之间在影响农户参与垃圾分类行为中可能的调节机理。

3）问卷调查法。本书所用数据来源于笔者2021年6～12月在贵州省农村地区实地调研。①依据《贵州统计年鉴》《贵州农村统计年鉴》《贵州省农村生活垃圾治理专项行动方案》、贵州省乡村振兴"十百千"示范工程以及贵州省农村人居环境整治三年行动方案等文件及数据资料，综合考虑农村发展情况、地区生产总值、生活垃圾处理情况、地理位置与人口密度等，选择了贵安新区、遵义市、六盘水市、铜仁市、黔西南州、黔南州、毕节市、黔西市等9个地州市；②根据各市区统计资料及各地区试点工作情况，在每个市区选择1～2个乡镇，共计15个乡镇；③根据各乡镇反映的情况，依照乡镇大小，在每个乡镇分别选取1～2个示范与非示范行政村，共计25个行政村。同时，为了进一步完善政策建议，笔者多次调研期间与有关工作人员进行座谈及深度访谈，了解目前贵州省农村地区垃圾分类农户参与的实际情况，为最后的政策建议提供现实依据。

4）实证分析法。在文献分析的基础上，本书按照"提出研究假设—检验研究假设—得出研究结论"的逻辑，以农户参与垃圾分类行为为研究对象，利用实地调查的贵州省9个地州市884份农户的样本数据，通过描述性分析、有序多分类Logistics模型、多重链式中介模型及调节效应模型等实证分析方法，探析政府支持、社会资本对农户参与生活垃圾分类行为的影响，同时尝试探索分析农户个人环境感知变量在政府支持、社会资本影响农户参与生活垃圾分类行为中的中介效应。不仅如此，本书还试图研究政府支持与社会资本二者在影响农户参与生活垃圾分类行为中调节作用的强弱，以此揭示影响农户参与生活垃圾分类积极性的内外部驱动因素及各因素影响的强弱。上述方法在研究中的具体应用如下：①参照已有学者的研究，运用李克特量表法对农户政府支持、社会资本总指标、农户个人环境感知各维度进行测算与特征分析。②运用Logistics模型实证检验政府支持、社会资本两个核心解释变量对农户参与生活垃圾分类行为的影响。③运用多重链式中介模型实证检验农户个人环境感知在政府支持与社会资本影响农户参与垃圾分类行为中的中介效应。具体地，选择农户个人环境意识作为中介变量 1，农户对垃圾分类的关注为中介变量 2，由此形成了政府支持与社会资本对农户参与行为的 9 条影响路径，含独立中介影响及多重链式中介影响等路径。④利用调节效应模型验证社会资本在政府支持影响农户参与生活垃圾分类行为决策中的调节作用。

1.5 研究内容及技术路线

围绕以上研究思路及目标，具体研究内容如下：

第一，导言。分析本书的研究背景、目的及意义，梳理国内外相关研究成果以及具体的农村垃圾分类实践，基于此，提出本书的研究框架及可行的研究方法，围绕研究主题设计研究思路并绘制本书的技术路线图，并提出本书可能的边际贡献。

第二，理论准备及分析框架。基于协同治理视角，从政府、社会、个人三个层面选择政府规制理论、集体行动理论、社会资本理论、外部性理论、计划行为理论作为本书的基础指导理论，构建农户参与生活垃圾分类行为的整体分析框架，进一步深析农户参与分类行为的内外部环境因素协同治理机制，在此基础上具体探索政府支持、社会资本对农户参与生活垃圾分类行为的驱动机理以及个人环境感知在二者影响农户参与垃圾分类行为中的中介作用，分析协同治理视角下政府支持和社会资本在共同影响农户参与生活垃圾分类行为中可能的调节效应。

第三，我国农村生活垃圾分类治理现状。利用宏观数据及具体的实践事实剖析我国农村生活垃圾分类治理现状以及协同治理的必要性和现实困境。然后，对实证研究的数据来源进行详细描述。具体而言，以贵州省农村地区为研究区，采用分层逐级抽样与随机抽样相结合的方法，与 884 户农户进行面对面访谈，结合对相关工作人员的深度访谈剖析农户参与农村生活垃圾分类行为面临的困境以及可能的原因，为探讨政府支持、社会资本对农户参与垃圾分类行为的影响机理奠定了理论基础。

第四，建立政府支持、社会资本直接影响农户参与生活垃圾分类行为的 Logistics 模型以及二者分别通过个人环境感知间接影响农户垃圾分类的多重链式中介模型。基于第 2 章的理论分析框架，结合已有相关学者的研究分别提出政府支持、社会资本直接和间接影响农户垃圾分类参与行为以及政府支持和社会资本二者在影响农户参与行为中的调节作用所对应的理论假说。根据理论假设，其一，借鉴已有文献，从宣传培训等信息支持、奖惩制度等制度支持、基础设施建设等资源投入等指标，利用 COV-AHP 构建政府支持测度体系；其二，选取农户的社会互动、社会认同以及社会信任 3 个维度的 15 个指标进行社会资本测度，运用因子分析法测算和分析农户社会资本总指标以及各维度特征，进一步通过信度与效度检验，验证指标体系的科学合理性。

第五，采用有序多分类 Logistics 模型，实证检验政府支持、社会资本对农户参与生活垃圾分类行为的影响路径，其中包含对农户个人环境感知在政府支持及社会资本影响农户参与垃圾分类行为中的链式中介作用进行检验。具体来说，首先分别从政府支持和社会资本两个维度检验农户参与生活垃圾分类行为的直接及间接影响路径，然后根据模型存在的内生性问题，利用交互效应模型验证政府支持、社会资本交互项对农户参与生活垃圾分类行为的影响效应。

第六，基于以上实证分析结果，结合实地调研访谈资料，构建农村地区生活垃圾分类协同动员机制以及"阶段式—协同—循环"垃圾分类互构治理新模式，并提出各阶段各层级的垃圾分类对策建议。通过政府层面和社会资本层面的共同驱动，利用公益广告、文化宣传、教育培训、丰富多样的垃圾分类活动等多种形式，通过网络、电视、手机、宣传册等多个渠道的宣传活动，强化农户环境关心意识，从而提高其对垃圾分类的关注度，最终激发农户进行垃圾分类的内生动力。首先，构建农村生活垃圾分类协同动员机制，多方有效参与，营造"全民参与，农户主体"的良好环境。其中，协同动员机制之一的政府层面，要加大支持力度，完善现有的宣传教育体系、健全垃圾分类相关制度体系、多方争取资金，加大农村地区基础设施建设，为农村生活垃圾分类的顺利开展及农户参与积极性的提升提供依据。其次，协同动员机制之二的社会资本层面建立农村基层社团组织等模式，为村民参与农村生活垃圾治理提供平台，促进村民与家人和亲戚邻里之间沟通交流，增强他们的情感联系，提升相互之间的信任度，减少村民在参与农村生活垃圾治理过程中的"搭便车"心理，最终提高村民的参与积极性。此外，鼓励农户积极参与农村公共事务，村干部要多组织开展宣传指导活动，增强村民对本村事务的参与程度，提升主人翁意识，提升农户的社会归属感。最后，协同动员机制之三的农户个人层面，主动培养垃圾分类等环境保护意识、积极参与政府和所在地举行的垃圾分类相关宣传及培训活动，持续关注政府出台的有关垃圾分类制度以及所居住地制定的相关规则，加强自我学习，提升垃圾分类相关知识的认知水平。此外，农村垃圾分类工作不是一蹴而就的，要在明确垃圾分类前、中、后各阶段各层级的主要工作的基础上逐步实施垃圾分类各主体协同任务。

1.6 研究难点、创新与不足

1.6.1 研究难点

我国农村地域广阔、农户居住密度低，农村生活垃圾呈现出总量逐年增多、结构日趋复杂、分布散乱等特点。在研究农村生活垃圾分类治理过程中，如何选取指标并且构建模型是本书的难点。本书的研究思路首先是探讨农民作为治理主体参与内生动力是否被有效激发；其次，研究由关系网络和乡规民约联结而成的"熟人社会"的社会资本功能是否在垃圾分类治理中被充分调动；最后，分析作为典型公共物品的农村生活垃圾，由非竞争性和非排他性导致治理过程中的"搭便车"现象，政府支持的潜力是否得到充分挖掘，通过社会资本和政府支持进一步改善农村生活垃圾分类治理状况。

1.6.2 创新之处

本书围绕"农村生活垃圾谁来源头分类？哪些环境会影响分类主体？影响机理是什么？"问题，基于协同治理视角，以农户参与生活垃圾分类行为作为因变量，以政府支持、社会资本等外部驱动因素为核心解释变量，以农户自身的环境感知为中介变量，系统地构建了包括政府支持、社会资本、环境感知三个维度共同驱动作为农村生活垃圾源头分类主体的农户参与生活垃圾分类的理论研究框架，推动协同治理理论在我国农村环境治理实际问题研究中的本土化结合及创新性发展。协同驱动理论框架的构建，一方面有利于解释农村公共物品治理中的"集体行动困境"和"搭便车"现象，并有望解决农村公共物品治理单一主体的问题，充分发挥农户在公共事务治理中的主体作用；另一方面，将协同治理理论这一宏观理论具体应用到农村生活垃圾分类治理这一微观层面，拓展协同治理的研究领域。

遵循"政府支持—社会资本—环境感知—垃圾分类行为"的理论逻辑，以农户参与生活垃圾分类行为为背景，将政府视角的政府支持及社会视角的社会资本以及农户视角的环境感知纳入农户垃圾分类行为的统一研究框架，构建了协同治理理论下外部的政府支持及社会资本对内部的环境感知影响农户参与生活垃圾分类行为的中介调节作用的理论模型，并进行了实证检验，丰富了行为经济学及环境经济学的理论体系。不仅如此，通过政府支持及社会资本分维度的调节作用实证检验两个外部核心解释变量的各分维度对农户参与生活垃圾分类行为的调节作用存在差异化的影响路径。而且，实证检验作为非正式制度起作用的社会资本在政府影响农户参与生活垃圾分类行为中的调节作用，进一步丰富了农户垃圾治理行为的相关理论。

本书凸显了农户在垃圾分类中的核心主体地位，并深入挖掘影响农户参与垃圾分类的内外部驱动因素。本书实证检验了政府支持、社会资本及个人环境感知三个维度对农户参与生活垃圾分类行为的影响路径。研究发现，影响农户参与垃圾分类行为的外部驱动因素之一的政府支持因素为宣传等信息支持、奖惩措施等激励支持、基础设施建设等工具支持；外部环境驱动因素之二的社会资本因素为社会互动、社会认同、社会信任。内部驱动因素环境感知为环境保护意识以及垃圾分类关注。已有学者多从单一维度对政府支持、社会资本对农户参与生活垃圾分类行为的影响，且对单一的影响结果分析后所提对策也是各维度的，缺乏将几个维度放在同一框架下进行分析，且在实证分析的过程中缺乏对各核心变量组内部的交互作用的检验以及社会资本各维度变量在政府支持影响农户参与行为中的调节效应分析。因此，本书通过上述三个维度的测度弥补了已有研究多从单一政府支持、单一社会资本、单一环境感知对农户参与生活垃圾行为影响测度的不足，系统地探讨政府支持、社会资本分维度通过农户环境感知中介变量维度对垃圾分类行为的差异化影响路径，深化已有关于垃圾分类行为的影响研究成果，研究结论为因地制宜地制定农村地区差异化的垃圾分类策略提供了数据支持。

1.6.3　不足

首先，在样本选择中，本书以贵州省农村为例，通过 884 份问卷进行定性和定量研究，虽能反映基本情况，但存在区域性分布问题，不能完全代表全国农村地区。

其次，贵州省是少数民族聚居地，农户异质性导致行为和动机存在显著差异。本书在协同治理视角下缺乏对此的考量。目前，贵州省农村生活垃圾分类协同治理机制尚未完全建立，市场化程度低，故研究未涵盖所有治理主体，如市场主体等，这就导致研究结论在一定程度上缺乏普遍性。

最后，由于农户垃圾分类行为复杂，可能受单一或多个因素驱动。本书基于文献构建综合因素框架并进行实证分析，开发符合贵州省省情的调研量表。但研究存在主观性，不能完全涵盖所有驱动因素。

第2章 理论基础与文献综述

2.1 理论基础

2.1.1 协同治理理论

（1）理论阐释

协同治理理论内涵随着各理论界不同研究学者对"治理"本身的定义及其研究领域的不同逐渐形成发展，不同时期有其特殊的定义。协同治理理论是将协同论引入治理理论形成发展而来。它强调社会治理的多利益主体为解决共同的问题，通过平等协商、协同配合，形成共识、信任，并通过合作采用共同的行动，使公共利益最大化。其包含三个基本特征：一是治理主体的多元性，强调社会事务治理过程中政府不是唯一的主体，社会、公众等各主体也都要参与到各领域的社会事务治理中；二是治理过程需要各主体充分发挥各自的主体职能，协同合作，实现共同增效；三是努力实现治理效果可共享。

（2）协同治理理论在本研究中的适用性

农村环境具有一定的竞争性，但因其本身无产权故无排他性，可视为准公共物品。农村生活垃圾具有一定的特殊性，学术界基本把生活垃圾看作典型的公共物品，各领域研究学者都在纷纷探索农村生活垃圾治理的新模式，形成了相对一致的观点，即：农村生活垃圾的准公共物品的性质，单靠政府部门治理，会因服务供给不足导致治理成本高及低效等政府失灵问题。单靠市场进行治理，会因农村生活垃圾治理公益性强而可经营性弱、村落分布广、村民居住散和垃圾污染的复合性等特征，造成农村生活垃圾治理投入强度大且难以形成规模效应，预期收益模糊，盈利空间有限，市场主体参与意愿不足等问题，极易出现市场失灵。由于现有的农村社会已经发生了剧烈变化，其社会结构逐渐由同质性向异质性转变，社会关系网络逐渐亲疏，使农户因逐渐丧失家园感而导致参与集体事务的积极性不断降低，形成集体行动困境。就农户而言，由于自身环境感知能力差异、专业知识的缺乏以及技术的落后，导致其在垃圾产生及分类过程中没能充分发挥自身的积极作用。基于以上分析，本研究将协同治理理论引入农户参与农村生活垃圾分类这一主体中，探索政府、社会资本、农户协同治理新路径，并重点分析政府支持、社会资本等外部环境因素对农户参与农村生活垃圾分类行为的影响机理。因此，该理论在农户参与农村生活垃圾分类治理问题上是适用的，具有一定的可行性。特别需要说明的是，本研究中的协同治理特指在驱动农户参与生活垃圾分类积极性方面，而非垃圾分类治理本身。

2.1.2 政府规制理论

（1）理论阐释

政府规制也被称作政府管制，是政府为了实现一定的目标，对市场实施一系列干预行为的总称，其干预手段可以是法律授权、制定规定、监督惩戒等。西方规制理论经历了公共利益规制理论、规制俘获理论、规制经济理论、激励性规制理论等发展阶段，每一个阶段都有其特殊的政治、社会、经济等深刻背景。中国结合自身的现实情况及具体实践，对该理论进行扬弃式演进，既与西方社会不同历史时期的政治、经济状况紧密相连，又具有鲜明的历史性。因此，既要借鉴西方规制理论的有益之处，又要结合我国经济社会发展的现实情况，建立适合我国国情的政府规制。学者纷纷结合自身的研究领域对政府规制的内涵进行探索及应用，认为"规制"是指政府对私人经济活动所进行的某种直接的、行政性的规定和限制。政府规制包括经济规制、社会规制与政治规制三个方面。其典型理论有公共利益论、规制俘虏理论、以及激励性规制理论。公共利益论认为市场是脆弱的，缺乏控制的，如果政府放弃管制，则自由的市场容易导致公平丧失及效率低下。大量研究学者通过对规制俘虏理论进行探究，发现与受规制的产业相比，不受规制的产业并未出现显著的低效率、低公平。比较具有代表性的理论是激励性规制理论，该理论强调在不打破既定规制结构下，通过给企业施加竞争压力来提升内部效率。

（2）政府规制理论在本研究中的适用性

基于前文所述，农村生活垃圾在公共管理范畴属于准公共物品，其治理需要政府、市场、农户各主体进行协同治理。在协同治理期间，政府规制更多体现为控制行为、引导行为，作为外部制度环境引导和驱动农户参与生活垃圾分类治理的因素。新制度经济学派认为行为发生在制度环境中，制度环境通过为行动者提供行为必不可少的认知模版、范畴和模式影响个体的基本偏好和自我身份认同，进而影响个体行为。通过理论分析和文献梳理，发现制度环境不仅能够直接影响农户的垃圾分类参与意愿，还可以通过提高村民的环境关心和社区认同间接影响其参与意愿。

2.1.3　社会资本理论

（1）理论阐释

社会资本理论是在不同历史时期，来自不同领域的研究学者们基于自身的学科范畴及研究范式，在对相关学科的热点问题研究的过程中逐渐形成并使之成为学术界研究的前沿和焦点问题。在该理论的发展过程中，部分学者提出的观点对社会资本的发展具有突出贡献。首先，皮埃尔·布迪厄（Pierre Bourdieu）率先提出"场域"和"资本"两个概念，并阐述了场域和资本的关系，他认为社会资本是各种要素所形成的动态变化关系网，即场域的动力。詹姆斯·科尔曼（James S.Coleman）以微观和宏观的联结为切入点对社会资本做了较系统的研究。他把社会结构资源作为个人拥有的资本财产叫作社会资本，可与物资资本和人力资本相并存，三者之间可以相互转换。罗伯特·帕特南（Robert D.Putnam）在科尔曼研究的基础上，将社会资本从个人层面上升到集体层面，并把其引入政治学研究中，从自愿群体的参与程度角度来研究社会资本。林南（Nan Lin）基于对社会网的研究，首先提出了社会资源理论并在该理论的基础上提出了社会资本理论。他认为社会资本是"投资在社会关系中并希望在市场上得到回报的一种资源，是一种镶嵌在社会结构之中并且可以通过有目的的行动来获得或流动的资源。"

在皮埃尔·布迪厄、林南、罗伯特·帕特南等学者的理论分析基础上，学术界结合具体的研究主题及实践开展了大量的研究，对社会资本理论形成了一定共识，即：社会资本理论认为社会结构是一种资本，是由类似属性的个体通过血缘、地缘、亲缘等方式结合而构成的，并通过社会群体间的互动交流、互惠信任、规范约束来降低群体中的冲突，减少因冲突带来的资源浪费，从而实现各利益相关者的共同合作问题，突破个体理性与社会理性的两难困境。

（2）社会资本理论在本研究中的适用性

大量研究表明，农户参与农村生活垃圾分类行为是有利于农村社会的环境保护的，其参与治理的时间和精力等成本需要农户自己承担。而基于理性人假设的特征、即每一个从事经济活动的人都是利己的，因此，个体在实施行为时会倾向于"搭便车"，陷入集体行动困境。社会资本被认为是有效激励个体积极参与合作，避免集体行动困境出现的重要因素。就农户而言，社会资本本质上是由其自身所处的村域集体社会网络、社会信任、社会规范、社会参与凝聚组成。信任、规范及准则等可以通过信任互惠、信息传播、规范约束和关系网络等调动农户参与的积极性，提高农户垃圾分类集体行动成功的概率。具体而言，通过农户彼此之间的高频互动交流，互助互惠并通过熟识关系建立信任基础，可在一定程度上形成良好的社会信任，提高有关垃圾分类等环境保护重要性信息传递的可能性，降低农户因相关信息不畅带来的行为选择的不确定性，进而减少其进行垃圾分类行为的成本。此外，在差序格局的"熟人社会"的农村社会关系网络中，农户通过自愿遵守当地的风俗习惯、村规民约等社会规范来约束自身的行为。因此，将垃圾分类相关规定纳入村规民约，通过农户的共同遵守可增强农户参与生活垃圾分类的主动意识。村庄归属感被认为是一种维系农村居民情感和农村居民社会关系的桥梁与纽带，其形成的前提是农户拥有高度参与村庄事务以及充分表达其利益诉求的机会。一些学者认为村庄归属感对一个农村居民进行日常生活垃圾分类的意愿影响重大，村庄归属感越强烈，农村居民在进行生活垃圾分类时进行垃圾分类越积极，积极的垃圾分类意愿对垃圾分类行为起促进作用。总之，在农户参与农村生活垃圾分类中，社会资本通过引导居民环境态度的变化来促进其环境保护集体合作行为，通过凝聚社会网络资源、建立社会信任以及建立村规民约等非正式规则来影响农户参与生活垃圾治理的行为。

2.1.4 态度—行为—情景理论

（1）理论阐释

复杂行为模型认为，居民的垃圾分类行为选择是内部驱动因素及外部情境变量共同作用的结果。其中，内部因素主要指居民对于垃圾分类的态度、信仰、道德责任和内心意向；而外部因素主要指制度支持、文化教育程度、经济水平、垃圾分类基础设施和激励手段等。瓜尼亚诺（Guagnano）提出的A-B-C 理论（态度—行为—情景理论）是对复杂行为模型的进一步补充和扩展，A 是指态度变量（Attitude）、B 是指行（Behavior）、C 是指外部条件（Condition），并且 B 是由 A 和 C 共同导致的。该理论认为，个体之所以会产生垃圾分类的行为，主要受到自身态度和外部因素共同的影响，并强调外部情景因素。他认为，当个体的内部主观态度意识较低不愿因选择某种行为活动时，通过构建有利的情景因素可以在一定程度上促进其行为选择。

（2）态度—行为—情景理论在本研究中的适用性

目前，学术界在农村垃圾分类问题研究上取得了一些成果，也基本认同农户这一关键治理主体参与积极性不高是困扰农村生活垃圾治理的重要原因之一。因此，本书选取多用于研究个体行为动机的计划行为理论探究农户参与垃圾分类意愿及行为的驱动因素。本书探讨农户参与农村生活垃圾分类的行为（B），首先从农户参与行为的外部环境即政策制度、社会资本、垃圾设施和激励手段（C）等出发，其次分析农户自身对环境保护的个人行为态度等内部环境（A），最终通过实证分析 A、C 共同作用于 B 的驱动机理以及 A 与 C 之间交互作用机理。

2.1.5　外部性理论

（1）理论阐释

"外部性"最初只是一个经济学概念，由马歇尔和庇古等人最先提出。马歇尔在《经济学原理》中提出了内部经济和外部经济，考察了外部因素对企业的影响，由此延伸出内部因素影响企业成本变化。此后，马歇尔的弟子庇古在《福利经济学》中用现代经济学的方法从福利经济学的角度系统地研究了外部性问题，扩充了"外部不经济"的概念和内容，将外部性问题的研究从外部因素对企业的影响效果转向企业或居民对其他企业或居民的影响效果。在各类经济学文献中，外部性理论被认为是最难琢磨的概念之一。虽然定义难以统一，但其实质是相同的。对外部性也被称为外部效应，可以理解为社会个人的经济行为或者经济活动对社会上其他人员产生的影响，而本人又不因这些影响而获利。外部性分为正外部性和负外部性。正外部性是指个体的经济行为或经济活动等导致社会成员受益，自身却没有获得益处；负外部性则相反，即个体的行为或者经济活动导致社会成员受损，自身并没有承担相应的成本。

（2）外部性理论在本研究中的适用性

在垃圾分类方面，农村生活垃圾属于"公共物品"。农户生活垃圾分类的外部性体现在两个方面：一是农户未进行生活垃圾而产生的负外部性，即单个农户因未对其产生的生活垃圾进行分类而造成环境污染等问题时，受影响范围涉及全部村民，也就是说，村集体成员会分担每个农户不分类所造成的环境污染后果。此时，该农户在未分类造成的环境问题中的私人边际成本小于社会边际成本，所以农户不会选择主动进行生活垃圾分类。二是农户进行生活垃圾而产生的正外部性，即全部村集体能够无偿共享单个农户进行生活垃圾分类所产生的环境收益，从而出现"搭便车"现象。这种情况下，选择生活垃圾分类的农户因感知到其私人边际收益小于社会边际收益而选择放弃垃圾分类行为，削弱其分类的积极性。正负外部性问题如果得不到合理解决，农户参与生活垃圾分类的积极性将无法充分调动，甚至引发"公地悲剧"。当前，农村生活垃圾分类治理对于减轻农村人居环境压力是一种有效手段，如果环境治理好了，每一位农户都获益，使农户产生更强烈的获得感和幸福感。因此，本书中将政府信息支持、奖惩措施等制度支持、基础设施建设等工具支持的政府支持作为核心解释变量之一，将社会互动、社会认同及社会信任三个维度测度的社会资本作为核心解释变量之二，同时将政府支持与社会资本作为外部因素，对因变量即农户参与农村生活垃圾分类行为进行关系验证，最终试图将农村地区垃圾分类过程中可能出现的外部性问题进行内部化解决。

2.2 文献综述

2.2.1 垃圾分类行为的内涵界定

有关垃圾分类行为的界定，笔者梳理了国内外学者的相关定义，整理如表2-1所示。由此可以看出，不同的学者从自身的研究领域、差异性视角对垃圾分类行为进行了界定。总体来说，尚未形成统一的概念。但其内涵都存在共通性，相似的关键词反复被提及，包括：城市居民、农户、源头、分类收集、分类投放、资源化、减量化、无害化、参与、积极性等。可见，学者们主要是从分类主体、分类标准、分类目标这一过程逻辑定义垃圾分类行为的。其中，主体主要为城市居民和农村居民；标准包括规定类别和不同性质；执行包括源头、分类收集、分类投放和分类运输；最终要达成的目标则是实现垃圾的不同处置方式、再次利用、城市治理、资源化、减量化等。

表2-1　垃圾分类的概念及其发展梳理

研究者	变量名	概念界定	关键词
Geller	垃圾源头分类行为	居民是垃圾管理过程的源头，按要求分类收集到相应的垃圾袋中，即分类回收，再分类投放到指定垃圾桶或者卖掉的行为	源头、居民家庭、分类收集、规定类别、指定投放
Lunde	垃圾源头分类活动	将纸类、玻璃、金属等材料通过家庭这一源头分离、收集，用于再次利用	分离、收集、再次利用
李玉敏	生活垃圾源头分类行为	农村居民生活垃圾是指农村居民在其日常生活、生产经营活动中可能产生的各种厨余生活垃圾和各种用于塑料、玻璃、纸张、纺织物、金属、灰尘废渣和其他塑料制成品等固体废弃物以及其他按照有关国家法律法规条款所称的视为居民日常生活垃圾等	日常生活垃圾、法律规定
鲁先锋	生活垃圾源头分类行为	根据垃圾本身属性和分类回收的要求，对属性相同或相近的垃圾进行的分类收集和分类管理，以便从源头上减少垃圾的排放量和提高垃圾的回收利用率	分类回收、分类收集、分类管理
曲英	垃圾源头分类	农村居民生活垃圾源头分类投放是指其将生活垃圾进行分类收集，然后分类投放到指定地点的环境保护行为，具有一定的益社会性	环境保护行为、益社会性
Fehr、Santos	垃圾源头分类	本应按照废物处置的垃圾资源，通过相应的处理，加以逆向回收使用，实现物质流的逆向供应链形成	家庭、源头分类、逆向回收

续表

研究者	变量名	概念界定	关键词
Jank	垃圾源头分类	根据不同的分类标准，将城市固体废物中的可回收利用垃圾和填埋垃圾进行源头分离，以减小其后期处置难度，加强资源的回收利用并减少填埋造成的环境损害	回收利用、源头分离、处置难度、环境损害
张中华	垃圾源头分类	首先，按照生活垃圾的各个组成成分、对环境存在的潜在影响以及后续所能产生的社会利用价值三方面对生活垃圾实施分类投放和回收；其次，利用终端存在的处理方式异质性差异，做好垃圾按要求分类运输和处理的行为	价值分类、投放与回收
Areeprasert	垃圾源头分离活动	对生活垃圾进行源头分离，再将不同类别的垃圾运输至废物转运中心，选择性地对其进行材料回收、焚烧等	源头分离、不同类别、材料回收
马莺	垃圾源头分类	狭义的生活垃圾分类行为，是指以家庭或个人为单位，将产生的不同类别的垃圾按地方制定标准分类回收，再分别投放到不同功能类别的垃圾桶或不同颜色的垃圾袋中，最终由环卫人员将垃圾运送到指定地点的行为	侠义的概念
贾亚娟	垃圾源头分类	在日常生活中，农户按照政府规定的分类标准将生活垃圾进行细分和投放的实际行动，也就是说，农户不仅在家里将生活垃圾分好类，还按照规定投放的过程，农户才算真正实施垃圾分类行为	政府规定、按规定投放

通过表 2-1 可以得出，生活垃圾分类的概念是一个逐渐形成的过程。其概念基本涉及几个关键词，即源头、居民、分离、分类投放、回收利用、环境保护。从表 2-1 的梳理中可以看出，随着时间的推移，垃圾分类的内涵逐渐成熟和完善。Geller 指出，垃圾分类，即居民作为家庭整个管理过程的源头，把其产生的垃圾按规定类别分类收集，分装在不同的垃圾袋中，并将这些垃圾按照类别投放到指定地点的行为。在此基础上，曲英将垃圾分类定义为居民将每天

产生的生活垃圾按政府规定的分类方式进行回收，并把这些分好类的垃圾投放到固定位置或者卖掉的行为。这一概念强调了政府规定的分类方式，引入了政府。张中华指出，首先应按照生活垃圾的各个组成成分、对环境存在的潜在影响以及后续所能产生的社会利用价值三方面对生活垃圾实施分类投放和回收，同时利用终端存在的处理方式异质性差异，做好垃圾按要求分类运输和处理的行为。这强调了按价值进行分类回收。贾亚娟将垃圾分类定义为农户按照政府规定的分类标准将生活垃圾进行细分和投放的实际行动，强调农户不仅在家里将生活垃圾分好类，并按照规定投放的过程，农户才算真正实施垃圾分类行为。这就将垃圾分类的内涵进一步拓展到不再是单纯的分类，还要延展到分类投放才算完整的分类行为。由此可见，垃圾分类的内涵是在国内外研究者根据客观现实的实践逐渐研究所形成的一个相对统一的概念。结合国内外学者的研究，本书将农户垃圾分类行为定义为：在实施垃圾管理的过程中，将农户作为垃圾产生和处理的源头，将其按规定类别进行分类收集，并投放到指定地点，进而降低垃圾的处置难度，促进实现垃圾无害化、资源化和减量化的行为。

2.2.2　农村生活垃圾治理主体相关研究

生活垃圾源头分类行为是生活垃圾管理行为的内容之一。生活垃圾管理行为是社会心理学、经济学、管理学、环境和土木工程等学科的交叉学科。国内外不同相关学科学者们都从各自的视角出发对居民生活垃圾分类治理主体进行研究，并产生了一系列相关成果。结合已有研究可知，实现垃圾循环利用是一项系统工程，仅仅依靠政府、市场或社会任何一方推动与实施是不可能实现的，只有通过各个利益相关方相互协作、相互沟通、团结协作，不同主体充分发挥自身优势，建立社会自治的垃圾治理体系，秉持人本理念，才能有效治理农村垃圾。在这个过程中，农户既是农村生活垃圾的源头产生者，也是生活垃圾源头的最重要主体，其分类行为的选择对整个垃圾分类治理工作起关键作用，其主体地位越来越凸显，因此，国内外相关学者逐渐开展了大量关于如何调动农户参与生活垃圾分类积极性的研究。关于农村生活垃圾分类治理主体的相关研究梳理如表 2-2 所示。

表2-2　农村生活垃圾分类相关治理主体梳理

研究者	变量名	概念界定	关键词
Samuelson	农村生活垃圾治理主体	仅仅依靠政府和市场无法为公共利益服务，在提供非营利性、投入期长的公共服务时，政府确实是治理的最大主体，但是在人口素质偏低，分布相对分散，主导意识薄弱的地区，应该将企业和村民纳入治理中	政府是最大主体，应将企业和村民纳入治理
Debra Siniard Stinnett	生活垃圾治理主体	指出生活垃圾的治理不仅是政府的责任和工作，其他主体也应当参与到垃圾治理工作中，强调政府和公民都必须积极参与到生活垃圾治理工作中，是必不可少的治理主体	政府和公民都必须积极参与生活垃圾治理
Gregory J.Howard	生活垃圾协同治理	协同治理能充分调动各利益方在垃圾处理中的积极性，加强各方沟通协作，实现资源优化升级，是处理生活垃圾的有效途径	协同治理，调动积极性，资源优化
Culpep-per	协同治理定义	将协同治理定义为在一个既定的政策领域内，政府和非政府主体进行日常性的互动，且在这个过程中，政府无法对问题的界定以及实施方法的选择行使垄断的权力	政府与非政府主体互动，无法行使垄断权力
P.Costi	农村生活垃圾治理主体	垃圾治理应综合考虑政治、经济、文化因素，引导公众参与，打破政府单一主体模式	打破单一主体，公众参与
Simon Zadek	协同治理定义	协同治理指的是一个过程，在这个过程中，来自公共和私营机构的多个参与者共同努力，制定、实施和管理为共同挑战提供长期解决方案的标准	多个参与主体，共同努力制定标准
Ansell Gash	协同治理定义	利益各方达成共识，协商决策，直接对话，从而制定相关政策，管理公共财产	达成共识，制定政策
Samuelson	农村环境治理参与主体	在农村人口分散、村民整体素质偏低、乡村自主意识薄弱的地方，应该把企业、村民等主体融入环境管理中	企业、村民融入环境治理中
Naushad Kollikkathara	农村生活垃圾治理主体	政府部门和居民都应当树立治理垃圾的主动意识，积极参与到垃圾治理各项工作中，通过不同主体的配合实现治理目标	政府和居民都要树立主动意识、相互配合

续表

研究者	变量名	概念界定	关键词
关健	农村生活垃圾治理主体	对于农村地区，村民作为垃圾产生的源头，应当是执行垃圾分类的首个主体，同时作为政府的协助者，通过开会商讨执行科学的整合及监督等一系列方法参与到垃圾管理专项工作中	村民是治理主体，积极参与
Tooraj Jamasb	农村生活垃圾治理主体	对美国生活垃圾处理主体进行研究，认为政府是农村生活垃圾处理中最重要的主体，社区居民也需要在农村垃圾处理中发挥积极作用并承担相应责任，只有两者相互配合才能有效解决农村地区生活垃圾问题	政府是最重要的主体，居民要积极发挥作用，相互配合，有效解决
郎付山、许增巍	农村生活垃圾治理主体	要想较好地解决农村垃圾问题，需要各主体积极参与，逐渐形成政府主导、企业经营、村委会协调、村民积极参与的多元协同治理模式	各主体积极参与
朱明贵	农村生活垃圾治理主体	提出农村生活垃圾"三方一体"的协同治理模式，即政府主导，村民自治团体和广大村民协同参与，我国农村只有采用这种模式才能实现生活垃圾的成功治理。政府应该处理好自身与农村自治团体的协同关系，大力倡导村民自治，让村民更积极地参与到共同治理活动中	"三位一体"协同治理模式，引导村民积极参与
黄志强	垃圾分类影响因素	公众是生活垃圾分类的主体力量，其作用发挥得如何直接影响生活垃圾是否在源头上进行分类，并且决定了分类的质量高低和效率水平	公众参与
王树文、文学娜等	农户参与生活垃圾治理模型	公众诱导式参与模型、公众合作式参与模型与公众自主式参与模型，推动政府与公众的合作，梳理了政府和公众在其中的职责	诱导式、合作式、自主式参与模型
梁巧灵	农村生活垃圾治理主体	只有在政府主导该项工作的同时，广大村民、其他组织和个人多方参与协同，才能实现农村环境治理的规范化	政府主导，村民、组织等多方参与

续表

研究者	变量名	概念界定	关键词
吕维霞、杜鹃	农村生活垃圾协同治理	提倡实现以公民参与为中心、社会各界全方位共同参与的垃圾分类协同机制	协同治理机制
游文佩	农村生活垃圾治理主体	认为因打破从上而下的农村垃圾传统治理模式，从而打造出一种政府与村民有效互动的自下而上的自治模式	打破传统，政府与村民互动自治模式
文娇慧	农村生活垃圾合作治理	提出农村生活垃圾治理应采取"合作社"模式。政府保障经费来源、制定宏观政策，监管主体多元化发展，形成村民、环保合作社、村两委以及基层政府共同协作的监管模式	分类回收，多元主体合作，共同协作
韩振燕、隋爽	农村生活垃圾治理主体	对农村生活垃圾治理问题进行分析，从政府、村民、社会组织层面建立协同治理、多元合作的综合治理措施	政府、村民、社会组织协同治理，多元合作
鲁圣鹏、杜欢政、李雪芹	农村生活垃圾治理主体	主体协同最大的问题在于解决主体间的目标协同，细化权责，从而实现价值和效率的最大化	目标协同，利益最大化
蒋培	农村生活垃圾治理主体	地方精英在村民参与村庄公共事务过程中发挥动员与组织作用。村庄内部的各种集体行动以及社会关系网络需要重新设置。合理、有效的村规民约，可提高农户自身的社会规范	村民参与，集体行动，社会规范
张婧怡、薛立强	农村生活垃圾分类治理主体	提出建立政府主导的合作机制，发挥基层责任和民众主体作用，加快垃圾分类处理的市场化发展等优化建议	政府主导合作机制
贾亚娟	农村生活垃圾治理主体	认为当前农民参与人居环境整治不足，没有积极投身治理，但是治理本身对农民有诸多利好，呼吁广大农民为整治贡献力量	农民应积极参与垃圾治理
门金轲	农村生活垃圾治理主体	在政府的正确引导下，严格规范制度，制定合理的管控措施，确保压实责任，突出村民的主体地位，让村民充分行使自治的权利	政府引导，突出村民的主体地位
胡溢轩、童志锋	农村生活垃圾治理主体	对浙江省安吉县农村生活垃圾处理模式进行研究，认为"安吉模式"是通过政府、市场以及社会三方主体来激活制度保障、技术支撑、社会参与等要素，从而解决垃圾治理难题	政府、市场、社会主体共同参与，解决垃圾治理难题

通过表 2-2 可以看出，传统的农村生活垃圾治理为自上而下的农村垃圾传统治理模式，随着大量实践及研究发现，政府虽然作为农村生活垃圾治理的最重要主体，但村民参与也是必不可少的。随着研究的逐渐深入，大量的研究成果表明：农村生活垃圾治理必须打破传统的单一主体治理模式，充分发挥政府、市场、企业、组织等各主体的积极作用，走多主体协同治理道路等，以期调动各主体积极性、实现资源最优化。而且，在农村生活垃圾协同治理过程中，村民作为垃圾产生的源头，他们应当是执行垃圾分类的首个主体，要充分调动农户参与生活垃圾治理的积极性，在政府的正确引导下，严格规范制度，制定合理的管控措施，确保压实责任，突出村民的主体地位，让村民充分行使自治的权利。因此，本书在研究垃圾分类治理主体过程中，参照已有的研究结合大量实践，以农村生活垃圾分类协同治理为视角，由政府主导，突出村民的主体作用，各主体共同参与，以和市场运作以及兼用激励手段和科技手段，充分调动村民参与生活垃圾分类的主动性和积极性，实现农村生活垃圾分类收集、资源化、减量化和无害化。

2.2.3　农户生活垃圾分类影响因素分析

结合前文的分析，农户作为农村生活垃圾分类的重要主体，其参与生活垃圾分类的主动性和积极性对农村生活垃圾分类的成效起至关重要的作用。因此，为了充分调动农户参与生活垃圾分类的积极性，笔者拟通过文献梳理结合农村现实情况，深入剖析影响农户参与生活垃圾分类的因素，以期找到农户参与生活垃圾分类行为的驱动机理，为农村生活垃圾分类工作找到重要突破口。关于农户参与生活垃圾分类行为的影响因素梳理如表 2-3 所示。

表2-3　农户生活垃圾分类影响因素梳理

研究者	变量名	概念界定	关键词
Hopper et al	垃圾分类影响因素（内部因素）	环境价值观水平较高的个体对环境越表现得友好，越倾向环境友好行为	环境价值观

续表

研究者	变量名	概念界定	关键词
Guagnano	垃圾分类影响因素（内外部）	个人环境态度和外部情景因素相互作用可以影响环境行为，外部情景因素可以有效调节环境态度对环境行为的影响，这些外部条件包括垃圾处置设施、垃圾清洁频率、政策宣传教育、是否进行清洁评比、监督等	内外部因素共同作用
Nahapiet	垃圾分类影响因素（外部）	认为制度信任、社会网络、社会信任和社会规范组成的社会资本是影响居民行为态度最重要的参数	社会资本
Mesharch，Seunghae	垃圾分类影响因素（内部因素）	居民的态度意识、年龄和收入对垃圾分类回收具有很大影响，态度意识是其中最重要的影响因素	态度意识，年龄和收入
Ostrom	垃圾分类影响因素（外部因素）	社会资本可以减少公共物品供给中的"搭便车"行为，从而提高个体合作意愿，采取集体行动	社会资本
Wayne & Liden，Stamper & Dyne，叶岚和陈奇星	垃圾分类影响因素	当基层政府通过提供环境治理的物质或技术支持帮助农户完成或达成某个目标时，会增强农户对组织的认可程度，感知组织对目标执行的重视程度，从而提升农户对目标的重视	政府支持
Callan，Thomas	垃圾分类影响因素	惩罚机制对于垃圾分类回收行为效果产生显著且直接的影响	惩罚机制
曲英、朱庆华	垃圾分类影响因素	认为生活垃圾源头分类的影响因素包括主观规范、环境态度、公共宣传教育、感知到的行为动力、利他的环境价值、利己的环境价值以及感知到的行为障碍等，且前5个因素呈正相关关系，后2个因素呈负相关关系	主观规范，环境态度，政府宣传，感知价值
曲英、朱庆华	垃圾分类影响因素	外部垃圾分类设施越完善，越可以促使居民垃圾分类意愿向分类行为转变	外部基础设施建设
岳金柱	垃圾分类影响因素	由政府主导、居民为主、社会共同参与以和市场运作以及兼用激励手段和科技手段，实现垃圾分类收集、资源化、减量化和无害化	多主体共同参与

续表

研究者	变量名	概念界定	关键词
邓俊	垃圾分类影响因素	居民垃圾分类知识对分类行为具有重要的影响	垃圾分类知识
杨金龙	垃圾分类影响因素	政府管理、村域社会资本和个体特征以及当地的社会环境和地理环境均是重要影响因素	政府管理，村域资本，个体特征
Van & Kyle	垃圾分类影响因素	社会规范虽然没有法律效力，但借助于内在规制，通过强化成员社会道德责任感，可从源头上引导和约束农村居民实施亲环境行为	社会规范
黄志强	垃圾分类影响因素	公众是生活垃圾分类的主体力量，其作用发挥得如何直接影响生活垃圾是否在源头上进行分类，并且决定了分类的质量高低，效率水平	公众参与
Babaei	垃圾分类影响因素	分类设施的可达性是制约公众分类回收行为的重要因素	分类设施
何兴邦	垃圾分类影响因素	社会互动能够对个人的垃圾分类行为产生积极的促进效果	社会互动
王学婷等	垃圾分类影响因素	环境处罚制度对农户参与生活垃圾治理有显著促进作用	环境出发制度
孙前路等	垃圾分类影响因素	从命令性规范的压力机制和描述性规范的示范作用分析了社会规范对人行为的影响机理	命令性规范与示范性作用
司瑞石等	垃圾分类影响因素（外部因素）	环境规制主要是指政府通过制度措施干预和引导微观个体行为	政府环境规制
李文欢、王桂霞	垃圾分类影响因素	社会规范这一非正式制度对农户废弃物资源化利用、化肥减量、绿色防控技术等绿色生产行为的影响机理	社会规范
刘霁瑶等	垃圾分类影响因素	研究结果表明污染认知显著正向作用于农户垃圾分类意愿，且村庄情感可以强化污染认知对分类意愿的驱动作用	污染认知

续表

研究者	变量名	概念界定	关键词
问锦尚等	垃圾分类影响因素	农户垃圾分类态度等主观因素显著正向促进其垃圾分类行为，且相较于外部条件，主观因素具有更强的行为解释力	分类态度

通过表 2-3 的梳理可得出，影响农户参与农村生活垃圾分类的因素是综合性的，是内外部环境共同驱动而发挥作用的。对笔者梳理的现有研究中影响垃圾分类意愿和行为的内部因素进行分类，主要分为主观规范、环境态度、态度意识、感知价值、认知、知觉感受、情感、重视度等。曲英认为农户的主观规范对农户参与垃圾分类的积极性有不可或缺的作用。唐军等人认为居民的态度意识、年龄和收入对垃圾分类回收具有很大影响，态度意识是其中最重要的影响因素，态度越积极主动，其实施垃圾分类可能性越高。认知主要包括是否了解垃圾分类的标准和要求、对环境污染的认知以及对垃圾分类知识的认知。其中，农民是否了解生活垃圾分类的标准和要求与垃圾收集设施类别数量对农民生活垃圾分类意愿和分类行为的影响一致；污染认知显著正向作用于农户垃圾分类意愿，即农户对生活垃圾在生态环境、社区环境以及身心健康方面产生的污染及影响感知越强，其生活垃圾分类水平越高。不仅如此，邓俊等人认为居民垃圾分类知识对分类行为具有重要影响。韩晨等学者认为环境价值观及感知价值是影响农户垃圾分类行为的价值因素。贾亚娟认为知觉感受包括环境关心，即对环境污染的了解程度和愿意付出努力改变现状的程度以及情感包括面子观念、村庄情感。

关于外部因素，学者们更多从政府政策制度、宣传教育、奖惩措施及技术支持等方面进行研究。研究得出，在分类意愿一致的情况下，完善的基础设施与制度建设更能促进垃圾分类行为且分类设施的可达性是制约公众分类回收行为的重要因素。曲英等人认为物质资源如设施的类别与数量、设施使用是否便利等都会对农户参与垃圾分类行为产生影响。徐林等人认为外在的经济奖励与惩罚也会对垃圾分类行为产生显著且直接的影响。还有学者认为加大资金投入是解决农村生活垃圾分类的关键因素之一。不仅如此，政府的宣传力度也与农户参与生活垃圾分类行为息息相关，即政府对垃圾分类的宣传教育和信息传播，能够大幅提升居民对垃圾分类知识的掌握程度，并影响其最终的垃圾分类行为。叶岚等人认为政府制订的分类计划以及垃圾分类的技术指导也在一定程度上影响农户的垃圾分类参与行为。王建华等人认为政府的适当介入可以使环境成本内部化，从而实现生活垃圾资源化利用和源头化分类处理。

此外，Nahapiet 等认为由制度信任、社会网络、社会信任和社会规范组成的社会资本也是影响居民垃圾分类行为态度最重要的参数。庞娟等认为社会资本可以减少公共物品供给中的"搭便车"行为，从而提高个体合作意愿，采取集体行动，具体文献梳理如下文所述。

2.2.4 政府支持与农户参与生活垃圾分类行为

如前文所述，政府的适当介入可以使环境成本内部化，从而实现生活垃圾资源化利用和源头化分类处理。相关学者从政府支持角度研究其对农户参与农村生活垃圾分类行为的影响。有关政府支持的内涵、测度及其对农户垃圾分类行为的影响，梳理如表 2-4 所示。

表2-4 政府支持与农户参与生活垃圾分类行为梳理

研究者	变量名	概念界定	关键词
Geneviève & Denis, Eisenberger et al	政府支持类别	从支持的特征看，政府支持可分为隐性支持和显性支持	隐性支持和显性支持
McMillin	政府支持的内涵	政府直接为参与垃圾治理的农户提供资金的支持、技术支持和设备支持、培训支持等	资金支持，技术支持，设备支持，培训支持
Wayne & Liden, Stamper & Dyne；叶岚和陈奇星	政府直接支持对农户参与生活垃圾分类行为的影响	当基层政府通过提供环境治理的物质或技术支持帮助农户完成或达成某个目标时，会增强农户对组织的认可程度，感知组织对目标执行的重视程度，从而提升农户对目标的重视	物质和技术支持，感知
Widegren，唐家富等	政府支持最终对象	农户成为政府行政命令的最终作用对象	作用对象

续表

研究者	变量名	概念界定	关键词
Shore et al	政府支持对农户参与生活垃圾分类的影响（情感激励）	政策的信任以及项目的信任是重要的行为约束因素，具有较高制度信任的农户对组织具有较强的归属感和组织认同感，基于互惠原则会产生关心组织利益的义务感。该义务感的产生往往促使农户产生积极的态度和行为	政策信任，项目信任，义务感
Knussen et al	政府直接支持对农户参与生活垃圾分类行为的影响	如果政府提供一些便利的分类容器，农村居民将增加固体垃圾的回收数量	便利的分类设施
Callan，Thomas	政府支持与农户垃圾分类	惩罚机制对于垃圾分类回收行为效果产生显著且直接的影响	惩罚机制有效
崔宝玉	政府支持在鼓励农户参与环境治理视角下的内涵	从鼓励农户参与环境治理的角度看，政府支持是指政府通过政策、财政、项目等各种方式支持农村环境治理的公共产品供给，从而鼓励农户对农村环境治理进行筹资或投劳，以达到提高农村环境治理、公共产品供给水平和供给效率的目标	政府支持，公共产品
何可	政府直接支持对农户参与生活垃圾分类行为的影响	研究发现将近80%的受访农户表示当接受一定金额的补偿时会激励其参与废弃物资源化处理	金额补偿
蔡卫星、高明华	政府支持类别	从支持的方式看，政府支持可分为间接支持和直接支持。间接支持是指政府以基层政府或村委会为"媒介"来实施对农户的支持	间接支持和直接支持
张旭吟	政府直接支持对农户参与生活垃圾分类行为的影响	研究农户固体废弃物随意排放行为时发现，政府部门提供的环保培训能够有效地降低农户随意排放行为发生的概率	环保培训

续表

研究者	变量名	概念界定	关键词
陈绍军	政府支持对农户参与生活垃圾分类的影响	发现情景因素，即垃圾分类试点，垃圾收集设施以及垃圾分类的推广介绍会影响居民的垃圾分类行为	垃圾分类试点、设施、推广
李曼	政府支持的测度	从政府推广和推广方式测度政府支持	推广
林星、吴春梅	政府支持的测度	直接支持是指直接以农户作为支持对象，提供各类环境治理的、农业废弃物资源化的专项补贴。也有学者从知识、关系、物资、制度等方面来衡量政府支持的维度	补贴，是物资，制度
Ankinée et al	政府支持的测度	研究认为政府支持包括提供适当的基础设施，使用激励手段（税收、补贴和质押金退还系统）以及基于信息支持的手段	基础设施，激励手段，信息支持
钱坤	政府支持对农户参与生活垃圾分类的影响（情感激励）	单一的正向激励机制作用范围有限，难以完全解决个体垃圾分类的自觉意识不强等内生困境	单一正向激励机制作用有限
盖豪	政府支持对农户参与生活垃圾分类的影响（情感激励）	与不惩罚相比，政府采取惩罚措施可使农户参与垃圾治理的概率相应提升	惩罚措施有效
尚虎平等	政府支持对农户参与生活垃圾分类的影响	研究发现小区的监督管理对实现垃圾分类至关重要	监督管理重要
盖豪	政府支持的测度	从政策宣传、项目支持和惩罚措施三个方面测度政府支持	宣传，项目支持，奖惩措施

续表

研究者	变量名	概念界定	关键词
徐林	政府直接支持对农户参与生活垃圾分类行为的影响	当政府提供垃圾分类的相关设施及服务时，具体包括分类垃圾桶、集中回收点、分类垃圾回收装置、垃圾处理的专项资金以及政府提供的回收服务等，则农户可能产生与组织较为强烈的交换意识，在垃圾治理中愿意投入必要的劳力和物力，或主动提供支持帮助，与其他农户一起参与到村里的垃圾分类行动中	垃圾分类的相关设施及服务，参与意愿
唐林	政府支持与农户垃圾分类	构建严格的监督和处罚措施来管理生活垃圾治理，通过保洁员、村干部、邻居和村民等多主体实施监督，并且加大罚款力度，引导村民形成绿色分类习惯	监督，处罚，绿色分类习惯
曾杨梅	政府环境规制与农户垃圾分类	引导型环境规制主要指政府有关环境政策的宣传和教育力度，为农户行为提供必要的技术指导和信息支持；约束型环境规制是指政府通过罚款、监管等强制性举措来增加农村居民的预期损失，以约束人们的行为；激励型环境规制主要指政府增加农村居民资源化处理的预期收益，来弥补其因垃圾分类回收行为所花费的时间、空间或机会成本	宣传教育，技术指导，信息支持，罚款，监管，增加预期收入等
李全鹏	政府支持与农户垃圾分类	只有确立可行性的法律法规，再加上新道德规范的参与，才能有效应对消费社会中日益严重的垃圾问题	法律法规，道德规范
盖豪	政府信息支持对农户参与生活垃圾分类行为的影响	研究农户秸秆机械化持续还田这一废弃物处理行为时发现，政府提供的政策宣传对农户的秸秆机械化持续还田行有显著的正向影响	政策宣传等信息支持
张子涵	政府环境规制对农户参与生活垃圾分类行为的影响	环境规制是影响农村居民采取亲环境行为最重要的外部情境因素，大多数学者从引导型、约束型和激励型三个方面度量环境规制	引导型、约束型和激励型

续表

研究者	变量名	概念界定	关键词
姜利娜、赵霞	政府支持与农户垃圾治理	垃圾治理需要政府环境整治制度的支持	制度支持
李冬青	政府支持与农户垃圾治理	政府给农户发放补贴、投入公共环境设施并建立设施管护制度可有效促进生活垃圾集中处理	补贴，基础设施建设促进垃圾治理
王建华	政府支持对农户参与生活垃圾分类行为的影响	鉴于生活垃圾污染的负外部性和分类回收的正外部性，且市场机制在解决农户分类行为问题上存在失灵的情况，立足环境治理实际，政府的适当介入可以使环境成本内部化，从而实现生活垃圾资源化利用和源头化分类处理	政府介入，环境成本内部化，源头分类

通过表 2-4 梳理可知，蔡卫星认为政府支持可分为直接支持和间接支持，也可分为隐性支持和显性支持。McMillin 等人认为政府直接为参与垃圾治理的农户提供资金的支持、技术支持和设备支持、培训支持等，且农户成为政府行政命令的最终作用对象。在农户参与生活垃圾分类行为的政府支持测度方面，学者们做了大量研究，主要观点为：林星等从金额补贴、物资、制度等方面进行测度，而 Ankinée et al 和于克信则从基础设施、激励手段、信息支持进行政府支持的测度。在已有研究基础上，盖豪从政策宣传、项目支持和惩罚措施三个方面对政府支持进行测度。在研究政府支持与农户垃圾分类行为方面：Armeli et al、奥尔森、刘强和马光选、钱坤、尚虎平等学者认为情感激励很重要，包括正向奖励和负向惩罚，且二者的作用大小不同，单一的正向激励机制作用范围有限，难以完全解决个体垃圾分类的自觉意识不强等内生困境，与不惩罚相比，盖豪认为政府采取惩罚措施可使农户参与垃圾治理的概率相应提升。不仅如此，Knussen et al 认为政府是否提供专项资金以及便利的分类设施都会显著影响农户的垃圾分类参与行为。徐林等认为当地方政府提供的基础设施、资金及服务将有助于改善垃圾分类的绩效，农户会产生与组织较为强烈的交换意识，在垃圾治理中愿意投入必要的劳力和物力，或主动提供支持帮助，

与其他农户一起参与到村里的垃圾分类行动中，提高个人的垃圾分类频率。除此之外，政府制定的相关政策制度对农户生活垃圾分类行为也发挥重要作用，当农户对制度感到较强的信任时，农户就会感到与组织之间产生积极的情感纽带，即产生较高的情感承诺，进而做出垃圾分类行为决策。政府提供的宣传等信息支持也是影响农户参与生活垃圾分类的一个重要因素。信息支持是指由当地政府或相关机构提供的培训及推广活动。推广的内容包括垃圾治理的重要性、垃圾治理的益处以及不治理的危害、垃圾治理的方法等。Iyer & Kashyap认为如果个体不清楚有关垃圾分类的相关信息，比如，分类的地点、分类的方式、分类的细则等，那么他们将不会遵循分类政策，从而降低了他们参与垃圾分类的热情。积极参与当地政府垃圾推广服务的农户，其获取垃圾治理、环境保护的知识越多，参与垃圾治理等相关环境保护活动的积极性越高。

2.2.5 社会资本与农户参与生活垃圾分类行为

国内外学者一直关注的如何有效克服农村生活垃圾分类治理中的"集体行动困境"，降低"搭便车"行为的发生率，激发各主体合作积极性的热点问题，在引入社会资本理论进行研究后产生了新思路和新视角。本书基于 Putnam 提出的被普遍认可和关注的社会资本概念，认为以社会网络、规范和信任为核心要素的社会资本是实现集体合作行为的核心与基础。鉴于社会资本在促进居民环境保护集体行动中的作用，国内外相关学者对社会资本对居民生活垃圾分类意愿及行为进行了大量研究，本书梳理如表 2-5 所示。

表2-5 社会资本与农户参与生活垃圾分类行为梳理

研究者	变量名	概念界定	关键词
Bourdieu	社会资本概念	首次对社会资本的概念进行系统性阐释，从微观层面认为社会资本是一种社会关系网络	微观概念，是一种社会关系网络
Hanifan	社会资本概念	社会资本实质是一种个体可以利用并在一定程度上满足其市场需求的关系	利用关系满足市场需求

续表

研究者	变量名	概念界定	关键词
J.S.Coleman，E.Ostrom，Governing the Commonn	社会资本的社会规范维度影响农户的参与行为	社会规范作为社会资本的基础，有助于提高集体行动结果的可预测性和增强公众对集体行动的信心。社会规范是人类建立秩序和增加社会结果可预测性的努力的结果，社会规范规定了什么样的行动是被允许或被禁止的	基础，增强公众对集体行动的信心
Ostrom	社会资本的社会信任维度影响农户的参与行为	认为互惠信任可以缓解各主体在参与集体行动过程中存在的矛盾，促进各主体间的合作参与，是影响个体行为决策的重要因素	缓解矛盾，促进各主体合作参与
Uphof	社会资本概念	认为社会资本包括影响人们交互行为的网络、规则和制度等有形的结构型资本以及包括价值观念、互惠和信任等无形的认知型资本	社会网络，结构资本，认知型资本
Putnam	社会资本概念	具有信任、规范以及关系网络等特征的社会资本可以为参与合作的人们实现集体行动创造一定条件，促进人们的合作行为并提高社会效率	信任，规范，关系网络，集体行动
Putnam	社会资本概念	最早将社会资本引入公共政策领域，认为社会资本主要包括社会信任、社会网络和社会规范，并在化解"集体行动困境"方面发挥了重要作用	社会信任，社会网络，社会规范
Nahapiet et al	社会资本影响农户的参与行为	认为制度信任、社会网络、社会信任和社会规范组成的社会资本是影响居民行为态度最重要的参数	社会资本，最重要的影响参数
M.A.Cohen	社会资本的社会规范维度影响农户的参与行为	规范不仅包括直接外在强制约束集体成员行为的诸如法律、制度、准则等正式规范，还包括基于承诺、道德、周围人正向或负向激励的考虑，个体成员已经内化的、自觉遵守的非正式规范，如村规民约和习俗惯例等	正式规范，非正式规范

续表

研究者	变量名	概念界定	关键词
Durlauf, Fafchamp	社会资本概念	认为社会资本是社会成员基于网络形成的行为规范和互惠信任，通过促进合作行为来加速社会融合、提高社会效率并构建社会秩序	行为规范和互惠信任，通过促进合作行为
刘春霞	社会资本影响农户的参与行为	农户的个体所拥有的社会资本和村域集体的社会资本存量均对农户有显著的正向影响	社会资本对农户行为有正向影响
韩洪云、张志坚、朋文欢	社会资本影响农户的参与行为	社会资本要素对居民参与垃圾处理的影响作用，其中居民的社会网络对其行为的影响最突出	社会网络影响最突出
党亚飞	社会资本影响农户的参与行为	社会资本能正向影响农户的环境保护行为，与外界接触频繁的农户更倾向于采取环境保护行为	社会资本，接触频繁，环境保护行为
毛馨敏、黄森慰、王翙嘉	社会资本影响农户的参与行为	社会资本所包含的村域规范、制度信任、关系网络影响农户参与环境治理	社会资本影响农户参与环境治理
唐林、罗小锋、张俊飚	社会资本的社会规范维度影响农户的参与行为	社会规范对个体行为的影响机制在于人们的"从众心理"。因此，当村内多数人参与生活垃圾分类时，村民会参照多数人的行为行事，从而促进其生活垃圾分类意愿和分类行为	社会规范影响"从众心理"，促进其生活垃圾分类意愿和分类行为
刘春丽、刘梦梅	社会资本影响农户的参与行为	村务公开、契约、党员代表联系农户等制度在一定程度上增加社会资本存量，激发农户的参与意识，重塑农户的社会信任。而村域规范的完善以及人际网络的修补，有助于培育农村生活垃圾治理的社会资本	制度增加社会资本存量，激发农户参与意识
贾亚娟、赵敏娟	社会资本影响农户的参与行为	社会交往频率较高、制度信任度较高、积极参与农村垃圾治理公共事宜以及认为村域垃圾治理较好的农户，其分类水平较高	社会资本良好，分类水平高

续表

研究者	变量名	概念界定	关键词
郭清卉	社会资本的社会规范维度影响农户的参与行为	个体如果能感知到某一行为对环境的危害，会受其自身道德责任感影响，自觉树立环保价值观念，实施亲环境和亲社会行为，因此，将个人规范与描述性及命令性社会规范一起纳入理论分析框架	社会规范，道德责任感，环保行为
聂峥嵘	社会资本的社会规范维度影响农户的参与行为	从社会规范的结构特征出发，分析表明村规民约等社会规范显著促进农户进行生活垃圾治理，惩戒规制作用显著，传递内化和价值导向未能发挥应有功能，存在"相对性制度失灵"现象	村规民约显著促进农户进行垃圾治理
张郁、万心雨	社会资本的社会规范维度影响农户的参与行为	社区氛围等描述性社会规范和法律法规等指令性规范通过制度约束、刺激居民从众行为，对居民参与垃圾分类起正向的中介作用	社会规范，法律法规，正向中介
杜雯翠，万沁原	社会资本的社会网络维度影响农户的参与行为	在中国农村的乡土社会中，农村居民与邻里、亲朋好友之间进行的社会交往而形成的社会网络，可以增进村民间的熟悉程度，是促进信息传播、增长见闻的重要平台	社会网络，增进村民间的熟悉程度

通过表 2-5 梳理可知，Uphof 认为社会资本包括影响人们交互行为的网络、规则和制度等有形的结构型资本以及包括价值观念、互惠和信任等无形的认知型资本。Putnam 认为可从社会信任、社会网络、社会规范等方面加以测度。在研究社会资本对农户参与生活垃圾分类行为方面：Nahapiet et al 认为制度信任、社会网络、社会信任和社会规范组成的社会资本是影响居民行为态度最重要的参数，具有信任、规范及关系网络等特征的社会资本可以为参与合作的人们实现集体行动创造一定条件，促进人们的合作行为并提高社会效率。刘春霞和郭鸿鹏通过研究发现，农户自身拥有的社会资本及其所在

村庄的集体社会资本存量均能显著正向影响其垃圾分类行为，且农户社会资本维度之一的社会网络对农户垃圾分类行为的影响最明显。社会资本对农户参与生活垃圾分类的影响进一步体现为：高频的社会交往、较高的制度信任度，对农户参与农村垃圾分类的积极性有正向促进作用。贾亚娟和赵敏娟通过研究发现，村域集体社会资本环境较好的农户，其分类水平较高。党亚飞认为社会资本能正向影响农户的环境保护行为，与外界接触频繁的农户更倾向于采取环境保护行为。从社会资本的单一维度分别分析各维度对农户参与行为的影响如下：Ostrom 认为互惠信任可以缓解各主体在参与集体行动过程中存在的矛盾，促进各主体间的合作参与是影响个体垃圾分类行为决策的重要因素。社会信任作为社会资本的核心，是集体合作的润滑剂，通过自我强化与累积，能够有效降低交易成本，增强居民垃圾分类行为自愿合作的自主性。而社会规范作为社会资本的基础，有助于提高集体行动结果的可预测性和增强公众对集体行动的信心，即社会规范对个体行为的影响机制在于人们的"从众心理"，村民会参照多数人的行为行事，从而促进其生活垃圾分类意愿和分类行为。J.E.Anderson 认为在社会网络维度，社会网络作为社会资本的载体，通过促进信息流通和个体间互动，能够有效约束居民集体行为中的机会主义和"搭便车"倾向，从而降低行为人因信息缺乏而导致的不遵守行为。在中国农村的乡土社会中，农村居民与邻里、亲朋好友之间进行的社会交往而形成的社会网络，可以增进村民间的熟悉程度，是促进信息传播、增长见闻的重要平台。因此，刘春丽和刘梦梅认为采取村务公开、契约、党员代表联系农户等制度能增加社会资本存量，激发农户的参与意识，可以重塑信任。通过完善村域规范、修补人际网络，有助于培植农村生活垃圾治理的社会资本。

2.2.6　环境感知与农户参与生活垃圾分类行为

基于前文的分析可知，农户参与生活垃圾分类行为选择是内外部影响因素共同驱动的，笔者将政府支持、社会资本与农户自身的环境感知纳入同一理论框架对农户垃圾分类参与行为进行研究，也是基于已有的国内外大量研究结果。表 2-6 是笔者梳理的农户自身的个人环境感知对农户垃圾分类行为的影响研究成果。

表2-6 农户环境感知与其垃圾分类行为梳理

研究者	变量名	概念界定	关键词
Hopper et al	环境认知与垃圾分类行为	环境价值观水平较高的个体对环境越表现得友好，越倾向环境友好行为	环境价值观，亲环境行为
Martin et al	环境认知与垃圾回收行为	实证研究证明居民的环境态度对其垃圾回收行为有显著促进作用	促进作用
Corral Verdugo et al	环境认知与垃圾分类行为	在墨西哥地区调查研究发现，居民的环境认知是影响其生活垃圾分类行为的直接因素	直接因素
Hernandez	环境认知与垃圾分类行为	农户较高水平的环境认知可显著促进农户垃圾分类行为	农户认知显著影响垃圾分类行为
曲英	环境认知与垃圾分类行为	环境价值观对居民垃圾分类行为具有显著的正向影响	环境价值观，居民垃圾分类行为
孙岩	环境认知与垃圾分类行为	采用知识培训、教育的方式来提高居民的环境知识掌握水平，提高居民掌握环境知识的能力，夯实环境责任感，从思想上形成对垃圾分类的认可	提高认知，垃圾分类认可
Barr	环境态度影响环境行为	认为个体的环境态度能影响其环境行为	环境态度
王翊嘉	环境认知与垃圾分类行为	环境认知对农户生活垃圾分类行为产生重要影响，其认知程度对垃圾分类产生显著影响。垃圾分类行为背后有环境认知为基础	环境认知重要影响
彭远春	环保认知与环保责任	农户垃圾污染治理及环境保护的主观意识，体现在其解决问题的决心和奉献精神等方面。一旦形成强大的内在推动力，可驱动其承担环境保护的责任	环保认知推动环保责任
贾亚娟、赵敏娟	心理感知与环保行为	心理感知是个体通过身体器官对外在事物感知后在脑海中产生的反应，即个体借助自己所掌握的知识对身体器官接触的外界事物获取的信息进行评判，进而作用其自身的意愿及行为。因此，个体对环境污染所产生的心理感知是其环保意愿的心理基础，是个体是否选择环境保护行为的前提	心里感知是基础，促进环保意愿及行为

研究者	变量名	概念界定	关键词
王瑛	环境感知与垃圾分类行为	以卢因行为模型为基础，通过实证研究并得出农户生活垃圾分类处理行为受经济激励、环境技能、环境认知的影响最大	环境认知对垃圾分类行为影响大

通过表 2-6 梳理可知，农户的环境感知包括其对自身的环境保护意识、环境保护认知、态度、环境价值观、污染感知、垃圾分类关注度等。具体体现为：居民的环境意识或者对生活垃圾问题的态度及关注程度可以直接影响他们是否愿意实施生活垃圾管理行为。居民的环境态度对其垃圾回收行为起显著促进作用，越积极主动的态度，其实施垃圾分类可能性越高。曲英等认为环境价值观对居民垃圾分类行为具有显著的正向影响，环境价值观水平较高的农户对环境越表现得友好，越倾向环境友好行为，进而越有可能选择参与垃圾分类。Martin 等认为垃圾分类行为背后有环境认知为基础，居民的环境认知是影响其生活垃圾分类行为的直接因素，较高水平的环境认知可显著促进农户垃圾分类行为。此外，农户环保行为与个体所能感知到的环境污染严重程度相关。农户对于自身解决垃圾污染、生态破坏等环境问题所形成的主观意识形态会形成强大的内在推动力，驱动其承担环境保护责任。Gifforg 认为个体对环境污染所产生的心理感知是其环保意愿的心理基础，而且会引导其采取合理的环境保护行为。因此，孙岩和赵群认为可采用知识培训、教育的方式来提高居民掌握环境知识的水平和能力，夯实环境责任感，从思想上形成对垃圾分类的认可，进而进行垃圾分类的行为选择。由文献梳理可得出，在农户参与生活垃圾分类中，外部的政府支持及社会资本环境等对农户自身的环境感知具有调节作用，即农户自身的环境感知对农户参与行为的影响可能来自外部政府支持及社会资本等因素，因此，本书选择环境感知作为中介调节变量开展研究具有一定的文献依据。

2.2.7　文献评述

由上述国内外专家学者的研究可以看出，学术界对生活垃圾分类管理工作已经开展了一系列研究。国外的专家学者早在 20 世纪 80 年代就开始对生活垃圾分类的相关理论概述进行研究，并形成了规范的理论基础和概念模型，且运用了大量的实证检验垃圾分类行为的影响因素。生活垃圾分类的内在和外在因素对生活分类管理会产生一定影响。近年来，国内外的专家学者相关的研究逐步增多，主要阐述了政府、公众和企业等要素参与对生活垃圾分类管理工作的影响，基本形成对生活垃圾分类必须走协同治理道路观点的一致认可，并且都肯定了居民在垃圾分类过程中的关键主体地位。不仅如此，研究开始关注相对落后的农村地区，注重农户在农村生活垃圾分类中的主体作用的发挥，在理论探索的同时通过大量的实证研究深入剖析影响农户生活垃圾分类行为的内外部驱动因素。例如，学者们从自身所处的学科出发，结合经济学、社会学、政治学、管理学等视角分别对垃圾分类的模式、影响居民垃圾分类心理情境等内在因素以及激励约束机制、相关政策制度和硬件措施等外部因素进行了有益探讨，并取得了丰硕的理论成果。

综上所述，国内外相关研究理论性强、方法规范、注重实证，其研究结论对于本书分析农村生活垃圾治理合作供给具有重要的借鉴意义。但是相关研究还存在一定局限：①农户在农村生活垃圾治理中的作用、影响与行为等研究还需深入。当前研究主要集中于农村生活垃圾治理中的政府管理与治理模式创新，而对垃圾产生源头即农户本身缺乏关注缺乏。农户既是农村生活垃圾污染的制造者，也是环境污染的受害者，还是污染成功治理的主要受益者。因此，如何引导农户树立正确的环保意识、积极参与生活垃圾治理、形成"治理共同体"，成为亟待解决的问题。②目前对农户生活垃圾分类行为的研究主要集中在心理因素、个体特征等内部因素以及环卫实施、宣传培训、宣传教育、规范、政府支持、政策法规等外部情景因素方面，但村域社会资本作为农户参与生活垃圾分类行为的重要参照环境，其重要性尚未凸显。③大量研究几乎都着眼于单一维度，鲜有将影响农户垃圾分类行为的内部外驱动因素纳入同一框架进行研究，更缺少外部对内外部之间可能存在的调节作用等进行实证分析。④已有部分文献在探索农户生活垃圾分类行为时，虽都从不同学科视角提及协同治理，但均在理论上进行了相关阐释，而对具体的协同过程缺乏实证性研究，理论和实践结合远远不够。⑤已有关于生活垃圾分类的研究大多集中在经济发达地区，经济欠发达地区的研究相对滞后，研究存在一定的地域差异。

　　因此，本书选取经济发展相对落后的贵州省农村地区的农户作为研究对象，结合多学科交叉背景，采用混合式研究方法，在协同治理的视角下，基于外部性理论、政府规制理论、集体行动理论、社会资本理论、计划行为理论，在对政府支持、社会资本及农户自身环境感知对农户参与生活垃圾分类行为理论阐释的基础上，将三者纳入同一框架，构建政府支持、社会资本、农户自身环境感知对农户参与生活垃圾分类行为的驱动机理，并结合贵州省农村地区实地调研微观数据进行实证分析，在以充分调动农村生活垃圾分类的关键主体即农户积极性为目的的基础上，挖掘影响农户参与生活垃圾分类积极性的各维度深层次原因，以期构建贵州省农村地区农户生活垃圾分类协同治理新模式，并提出行之有效的对策，最终探索出农村生活垃圾分类的可推广路径。

第3章 生活垃圾分类治理的农户参与：
理论框架

3.1 引言

随着信息化和全球化浪潮在现代社会的兴起，传统的政府治理模式正面临巨大挑战，在生产实践中不断探寻符合国家发展特征的政府治理之道。长期的城乡二元结构不仅导致农村地区环境基础设施薄弱，还使农村环境治理缺乏重视。目前，农村的经济发展水平正处于早期阶段，即随着经济的发展，环境不断恶化，"垃圾围村"现象日益突出。"垃圾围村"现象是过度现代化和发展不充分的微观体现，也是农村生态文明建设的短板，严重制约农村社会发展水平。农村垃圾污染的严峻现实以及发展循环经济的迫切需要，倒逼农村垃圾治理势在必行。

党的十八大以来，中央高度重视农村人居环境整治，统筹规划、高位推进，在生态文明建设和乡村振兴战略的引领下，推进农村绿色发展对提速农业农村现代化、改善农村人居环境质量、实现人与自然和谐共生发展具有重大现实意义。2022年"中央一号文件"指出，要推进生活垃圾源头分类减量，深入实施村庄清洁行动和绿化美化行动。随着我国经济社会迅猛发展，人们的消费水平不断提高，逐年递增的生活垃圾引发的经济、环境、资源三者之间的矛盾日益凸显，垃圾问题已经严重威胁到了人类赖以生存的生态环境。尤其是农村地区由于经济相对落后、自身基础设施配置严重不足、农民环境保护意识淡薄、劳动力转移严重，再加上城乡二元体制的影响，相较城市而言，在处理生活垃圾问题上更加困难。乡村振兴，生态宜居是关键，而解决农村生活垃圾污染问题是实现农村生态宜居的核心内容之一。

根据国家统计局数据，2011～2020年，全国生活垃圾清运量基本呈现逐年增加态势。截至2020年，全国生活垃圾清运量达到23 512万吨。根据国家统计局 2018 年统计资料，全国农村人口约为 5.64 亿，每年产生的生活垃圾总量约为 9000 万吨。垃圾逐年增长的态势加大了其治理难度，没有得到及时处理的垃圾长期堆积，一方面，侵占了大面积的土地，造成严重的经济损失；另一方面，垃圾长期堆积产生的大量有害物质威胁着人们的身体健康。快速增长的垃圾数量与垃圾清运能力增速不足之间的矛盾，导致环境污染等已经成为迫切解决的问题。

农村垃圾问题一开始就和城市同行发展。随着我国城乡一体化进程的不断深入，农民生活水平迅速提高。生活方式及消费模式的转变使垃圾产生量逐年递增，农村生活垃圾成分日趋复杂，复杂成分中难降解的白色垃圾等数量的快速增长与传统生活垃圾处理方式不完善之间的矛盾导致危害性不断加大，严重污染了农村生态环境，增加了治理难度，解决农村生活垃圾污染问题迫在眉睫。

3.2 农村生活垃圾分类的特点

3.2.1 农村生活垃圾的特点

我国农村生活垃圾主要包含餐厨废弃物、灰土、废橡塑、废纸、废砖瓦陶瓷、废纺织品、玻璃、木竹、废旧金属等，虽然农村生活垃圾包括的主要垃圾类别相差无几，但是我国农村地区覆盖面广，农村生活垃圾因不同地区的生活习惯而存在差异。与城市垃圾相比，我国农村生活垃圾呈现出产生源头分散、人均产量偏低、收运难度大、分类简单、就地消纳能力较强等特点。我国农村生活垃圾现状呈现出以下三个主要特征。

首先，我国农村生活垃圾的产生量在日常生活中仍日益增加。快速增长的经济使农村生活垃圾的排放急剧上升，加大了农村生活垃圾的治理难度。据相关数据计算所得，中国农村家庭中平均每人每天产生 0.8 千克生活垃圾。

其次，我国农村地区受气候、地形地貌等自然条件和农村风俗、消费和生活习惯等社会条件以及各地区经济条件的影响，导致不同地区农村生活垃圾存在地域性差异，而且影响因素呈现多元化特征。本书依据国家住房和城乡建设部 2021 年《城乡建设统计年鉴》数据，对全国 31 个省（直辖市、自治区，不包含西藏和港澳台）村生活垃圾进行处理的行政村比例分析得出，我国东部地区经济条件较好，农村生活垃圾治理推行早、推广力度大，取得了较为显著的成效。但是西北农村地区的生活垃圾分类治理并未得到全面推行。而且，目前不少农村地区为解决生活垃圾难题，仍然采用"农户投放，村庄收集，镇街转运，县区市集中处置"的统一集中处理方式，这种方式虽然在短期内解决了"垃圾靠风刮"、垃圾围村以及随处丢弃等问题，虽然取得了一些成效，但从长远来看，这种混合处理方式不仅浪费资源，而且带来了严重的二次污染，从根本上阻碍农村生活垃圾有效治理以及生态、经济、社会系统间的良性发展。

最后，农村生活垃圾的危害具有扩散性特征。农村生活垃圾如果长期任意露天堆放，不加以有效利用，不仅占用一定的土地，减少可利用的土地资源，还会污染农村土壤、水体和大气，而且难以降解的生活垃圾也会影响农村当代居民和后代人的健康，对生态环境系统造成严重且长远影响。

3.2.2　农村生活垃圾分类的特点

根据 2021 年住建部的分类编制标准，农村生活垃圾分类模式应遵循因地制宜、简单方便、经济适用原则，符合农村实际，便于操作。基于以上原则，编制标准强调，农村生活垃圾分类种类不应过多，宜结合实际情况分为 2～5 类，5 类垃圾可分为开卖垃圾、宜腐垃圾、有害垃圾、灰土和其他垃圾。目前，贵州省结合自身实际情况，因地制宜，循序渐进。综合考虑各地发展水平、生活习惯、垃圾成分等实际情况，2017 年贵州省发展改革委、省住房城乡建设厅共同制定的《贵州省生活垃圾分类制度实施方案》中总体上将垃圾分为四大类，即有害垃圾、易腐垃圾、可回收物、其他垃圾。结合文献研究及实地调研结果，笔者发现目前农村生活垃圾分类呈现出分类主体不断多元化、影响因素逐渐复杂化、农户主体地位日趋凸显、分类作用日益重要化等特点。

3.3　农村生活垃圾分类现状及困境

3.3.1　农村生活垃圾分类现状

目前，很多地区都开始推广生活垃圾分类管理工作，将生活垃圾进行分类管理，不仅能缓解环保压力，还能实现资源再利用、变废为宝，在生活垃圾分类管理推广过程中，农村地区成为极其重要的一部分。发达城市的农村地区与发展中城市的农村地区模式不统一，同一个省不同农村地区分类模式也存在差异，各地纷纷探索各自适宜的分类模式。目前，比较有代表性的模式有浙江金华"两次四分法"、成都市蒲江"二次四类"、江西靖安"垃圾换商品"机制、浙江宁海"智分类、云回收、源处理、循利用"智分类模式、上海奉贤桶长制模式、湖南宁乡市"四抓四促"模式、"五类三段"分类模式、济宁市汶上县"农户两分桶、定点四分亭、实施垃圾分类"工作模式。与此同时，经济欠发达地区的农村也在积极探索适合本地区的农村垃圾分类模式。比较典型的有四川丹棱县龙鹄"村民自治"垃圾治理模式、广西横县"三级四类"分类治理模式。此外，地处中国西南内陆腹地，拥有特殊的岩溶生态系统即喀斯特地貌的多民族聚集地贵州省，也对垃圾分类政策进行了政策回应。地形地貌及民族风俗的多样性使贵州农村生活垃圾分类尚未形成统一的标准和模式。尽管贵州省各地都在摸索垃圾分类的理想模式，也取得了一定的成效，例如，贵州省长顺县"三主三定三评"分类管理机制、贵州凯里市大风洞镇都蓬村"积分兑换"模式、花溪区"一二三四五六"工作法，但总体成效不明显。本书基于对贵州省9个地州市的农村地区进行实地调研，试图挖掘农村生活垃圾分类的影响因素，以此构建适合本地的农村生活垃圾分类创新模式。

3.3.2 农村生活垃圾分类现行困境

（1）农户主体作用未充分发挥且环保意识低下，垃圾分类难度大

首先，我国城乡经济发展差异显著，教育资源更倾向于城市地区，农户受教育水平普遍较低，导致农户的环境保护意识较城市淡薄，加之对垃圾分类知识掌握不够，客观上限制了农户参与生活垃圾的分类行为。根据对贵州省部分农村地区的实际调研可知：79.9%的受访者仅是高中及以下文凭；在面对"您对生活垃圾的处理方法一般是？"这个问题时，只有9.4%的受访者进行了严格分类，主要集中于垃圾分类试点村寨，46.1%的受访者仅进行了简单分类，即对可卖钱和不可卖钱的进行了分类，剩下的44.4%的受访者不进行垃圾分类。此外，在面对"您认为村民在垃圾分类问题上存在的最大困难是什么？"这个问题时，43.7%的受访者选择了环保意识薄弱，46.58%的受访者选择了

"公众对垃圾分类知识了解少"这 2 个选项。

其次，农村老年人居多，传统习惯难以摒弃。村民传统的生活方式和行为模式具有很强的惯性。贵州省作为多民族聚居的省份之一，风俗习惯的多样性致使农村地区垃圾处理的习惯各异，长期形成的随意丢弃垃圾的习惯加大了目前垃圾分类工作的推行难度。根据对贵州省部分农村地区的问卷调研得知：只有 9.4% 的受访者进行了严格的垃圾分类，在面对"您认为村民在垃圾分类问题上存在的最大困难是什么？"这一问题时，其他选项里大部分受访者认为习惯了不分类，分类太麻烦。

最后，农户主体作用发挥不到位，参与被动且参与途径单一。大量的研究及实践表明，农村生活垃圾分类的成效不仅取决于政府的主导作用，更离不开农户的积极参与。目前，农户参与分类的主体作用未能被充分挖掘出来且参与被动。体现在，在政策制定过程中，相关政府部门未能深入农村地区进行实地调研，未能充分积极听取基层工作人员及农户的实际需求，且尚未建立完善的农村生活垃圾分类反馈机制。农户更多的是在被动执行垃圾分类这一行为，主体作用并未充分发挥。笔者在对贵州省农村地区村、支两委进行深入访谈时，部分具体负责垃圾分类工作的村委反映，他们在参与上级组织的垃圾分类工作会议中，提出的很多建议未能得到充分采纳。实地调研农户的过程中，农户也表现出"不清楚"政府制定政策的依据，还表示希望政府能根据各个地方的实际情况制定相应的分类标准。

（2）垃圾分类基础设施及分类体系有待完善

首先，受城乡二元经济结构的影响，我国城市与农村发展极不平衡，经济实力差距较大，这决定了农村垃圾治理与城市垃圾治理存在一定差异。体现在经费的投入上，与城市相比，农村生活垃圾治理的经费投入严重不足且来源单一。经费不足导致未能实现基础设施建设均等化，使部分地区垃圾分类缺乏相应的硬件设施支持。在实地调研过程中，笔者所带领的团队遍布贵州各地州市农村地区，除大部分乡村振兴示范村及垃圾分类示范村外，还有很多调研村都存在基础设施不完善的情况。而且，在面对"您家附近的垃圾箱（垃圾池）是分类的还是不分类？"这一问题时，41.2% 的受访村民选择了"不分类"这一选项，足以说明目前垃圾分类实施在部分农村地区尚未完善，这也是目前农村生活垃圾分类工作推行困难的重要原因之一。

其次，农村生活垃圾分类体系不完善。除基础分类实施存在不完善以外，农村地区尚未建立适用性及操作性强的管理及监督体制。体现在：一是法律法规不健全，缺乏相对健全的法律来指导农村地区的垃圾分类工作，致使执法部门缺乏相应的工作依据指导，甚至执法主体也存在一定程度不明确的地方。在实地访谈过程中，村、支两委的工作人员对执法主体也缺乏清晰的认知，存在多头管理的情况。二是缺乏生活垃圾分类处理的规划。在垃圾分类处理中，没有在农村中形成一个自上而下的垃圾分类体系，也没有合理的规划，垃圾的收集、运输和处理环节中没有一个统一的模式，缺乏管理依据和工作指导，农村的垃圾分类处理效率极低。在实地走访农户的过程中，部分农户表示自己分投放好的垃圾，在收运环节存在收运公司混乱收集的情况，严重影响了农户的垃圾分类积极性。三是缺乏垃圾分类专业技术人才。人才的缺乏是制约农村生活垃圾分类的重要因素，专业人才的缺乏导致技术指导的缺失。在对贵州省农村地区村、支两委深入访谈过程中，笔者了解到大部分村没有设置专业技术人才开展垃圾分类相关技术指导，仅是一些支委兼职被动执行垃圾分类政策，且因其自身教育背景限制难以指导村民进行分类工作。加之政府并未普遍高频地开展垃圾分类技术指导，导致农户生活垃圾分类遭遇技术瓶颈。笔者带领的调研团队在对农村地区进行垃圾分类知识宣讲时，发现村干部、党员及村民中真正掌握垃圾分类知识的人才十分缺乏。在面对"您所在村庄开展垃圾分类相关垃圾治理的技术培训的频率？"这一问题时，52.3%的受访者选择了"从不"这一选项，39.3%的受访者选择了"偶尔"这一选项，仅有8%的受访者表示经常开展技术培训。由此可见，农村生活垃圾分类在很大程度上存在分类技术缺失的情况。

（3）规模化的分类模式尚未形成

照搬城市的分类标准，虽有助于城乡垃圾统一标准同时进行转运后的收集，但是大多数村民无法根据标准进行正确的垃圾分类，村民的文化水平普遍较低，农村地区垃圾分类基础薄弱，直接使用城市的统一标准，必然出现"水土不服"现象，致使有意识对垃圾分类的村民也无从下手。前文所述，全国各地农村地区都在因地制宜地积极探索适合本地区的垃圾分类模式及制度，部分地区也取得了显著成效并形成一定的经验。但总体而言，受区域差异的影响，目前尚未形成比较规模化的分类模式。笔者这里所述规模化的分类模式是指按行政村属性或类别进行分类模式的划分所形成的模式。例如，垃圾分类试点村及非试点村、空心村、旅游示范村、旅游非示范村、非物质文化村、传统村落等，针对不同类别实施相对规模化的、稍有区别且有针对性的分类模式。目前，贵州地区尚未形成。

（4）垃圾分类知识宣传成效不明显

垃圾分类的认知水平在一定程度上决定了垃圾分类的成效。对于农户而言，缺乏主动获取垃圾分类知识的意识，村民获取知识渠道源于政府的宣传、网络新闻、短视频平台以及村民之间相互告知。在了解垃圾分类的受访者中，40%的受访者是通过政府的宣传了解的。而面对"您所在的村开展垃圾分类政策宣传工作的频率？"这一问题时，39.84%的受访者表示从来没进行过垃圾分类知识宣传。在走访过程中，笔者及调研团队了解到目前农村进行垃圾分类知识的宣传主要有开展坝坝会、入户发放小册子、大喇叭宣传及张贴宣传海报等。虽然形式多样，但成效不够明显。笔者认为，一是宣传存在一定的形式主义，重宣传轻实践指导；二是宣传对象缺乏针对性，如在此次实地调研中，宣传对象是70岁以上者有40人；三是宣传形式缺乏实操性，仅是通过宣传册的形式难以满足农户的实际需求。比如，笔者到村里开展垃圾分类知识竞赛活动得到了村民们的普遍认可，并表示比较接受类似的实际传导方式，这在一定程度上表明，目前的垃圾分类知识重理论宣讲轻实践指导，导致农户由于自身主动学习能力不足而效果不明显。笔者认为，宣传工作可采取逐级宣传的模式，先对村干部进行集中培训及测试，培养骨干力量，再由村干部在各自的村有针对性、有重点地多频开展培训工作。

（5）农村地区尚未形成完善的激励、监督、反馈及考核机制

农户垃圾分类习惯的养成要循序渐进，不可急于一时。结合农村实际情况，村民在短时间内要实现垃圾分类是不现实的。如何使垃圾分类成为习惯？这是目前农村生活垃圾分类亟须解决的现实问题。作为有限理性经济人的农户，由于自身认知水平有限，且对垃圾治理有一定的政府依赖性和自我保护性，自觉性较差，主动参与乡村社会事务的意愿并不强烈，通过实地调研也证

实了这一点。大量研究表明，建立一定的外部约束、监督及奖励机制对调动农户参与的积极性及主动性产生重要影响。

在贵州省实地走访中，当面对"您所在的村庄是否会发放小礼品鼓励农户进行垃圾分类？"这一问题时，只有13.9%的受访者选择"是"这一选项，而同步对应的垃圾处理方式至少进行了简单分类，而剩下的87.1%没有进行鼓励的农村地区，农户不分类的概率达到了51.10%；在面对"您所在的村庄是否为垃圾分类制订了表彰或者惩罚办法？"这一问题时，只有19.8%的受访者选择了"是"这一选项，而在81.2%选择"否"的受访者中，进行严格分类的仅为5.57%，不分类的概率达到了49.93%，剩下的也仅是将能卖钱的进行了分类；在面对"您所在的村是否配备有督促垃圾分类的人？"这一问题时，只有28.5%的受访者选择了"是"这一选项。此处的数据只对贵州省农村地区垃圾分类相关制度进行一个简单的描述，关于它们之间是否存在相关性将在本书第四章进行实证分析。与各村、支两委及部分党员同志进行深入访谈得知，大部分地区并未形成完整的分类管理机制，虽然都在一定程度上采取了鼓励、监督方式，例如有的地方采取了"红黑榜""积分兑换"等方式，但规范性的制度文件并未正式出台，导致执行缺乏政策依据。此外，要充分发挥农户的主体作用，必须建立相应的反馈机制，充分听取农户在实际分类过程中的困难及建议，拓宽农户的反馈渠道。最后，通过走访贵州省农村地区发现，目前大部分农村地区，无论是各级管理部门还是以家庭为单位的农户，都缺乏一个对实际分类效果具有可操作性的考核指标体系。考核机制的缺乏会滋生形式分类行为，导致无法真正评估农户分类实施效果，也难以真正发现农村生活垃圾分类存在的问题，无法提出有针对性的政策建议。

（6）协同治理机制不完善

农村生活垃圾分类是农村最重要的环境问题，涉及政治、经济、社会、生态环境等多方面的复杂互动，具有高度的复合型特征。现有研究表明，以政府为主体的治理路径需要承担过高的行政成本，而以社会为主体的治理路径则面临内部动力疲软、外部动力不足的问题，因此，迈向协同共治模式已成为普遍共识。农村生活垃圾减量与循环利用，是农村经济与社会可持续发展的必然趋势。然而，实现垃圾循环利用是一项系统工程，仅凭政府、市场或社会任何一方推动与实施都是不可能实现的，只有通过政府、市场与社会协同治理，才能有效解决农村垃圾在治理主体、治理流程、政府管理职能分工、治理传统行政区和治理政策存在的"碎片化"问题。虽然学者们在理论上对农村生活垃圾协同治理机制已进行了深入的研究并形成了系统的框架，但在实践中，尤其是经济相对落户的贵州农村地区，这一机制并未真正落地。具体而言，笔者在实地调研中得知，贵州省农村垃圾分类还主要由政府主导，社会力量发挥不足，在农村这一熟人社会"社会资本"的作用也未能充分挖掘出来，农户自身参与的积极性也未被完全激活，从而导致在垃圾分类过程中，治理成本、管理监督、考核体系等各方压力超过政府的承受范围，最终导致垃圾分类事倍功半。

3.4 理论模型

随着城乡一体化进程的不断加快，农村经济水平稳步提升，农民生活水平也得到不断提高，由此产生的生活垃圾数量日趋增加。农村生活垃圾量的积累及不合理处置所导致的各种污染引起了人们的持续关注。生活垃圾逐渐转变成影响农村人居环境重要的污染源之一。同时，关于要不要治理、如何治理、谁来治理等问题也引起了各界的广泛关注。笔者通过梳理近15年中央各级部委及各省、自治区、直辖市等出台的关于垃圾治理的相关政策文献得出，农村生活垃圾已经逐渐转变成乡村振兴实施的一大重点，农村生活垃圾必须实行分类治理。此外，学术界也纷纷进行有关垃圾分类的相关研究，并取得了大量的研究成果。结合已有研究成果及具体实践得出，农村人居环境整治对于农户生存环境改善、幸福感提升以及新时代美丽乡村建设发挥至关重要的作用。农村生活垃圾的分类处理是改善农村人居环境的关键因素。因此，必须对农村生活垃圾进行源头分类，而农户是农村生活垃圾的源头产生者，也是最直接的垃圾分类者，更是分类成效的直接受益者，是整个垃圾分类最直接和关键的主体。因此，农户参与农村生活垃圾分类的积极性直接决定了农村生活垃圾分类的成效。然而，现实中"政府干，农民看"的问题依然较为突出，农户的参与意愿与能力也有待发掘。基于此，本书围绕"如何充分调动农户参与生活垃圾分类的积极性？""哪些因素会影响农户参与垃圾分类的有效性？""这些因素之间如何协同作用于农户的意愿与行为的适配性？"等核心问题，从协同治理视角展开研究。

3.5　理论机理

Guagnano 提出的 A-B-C 理论（态度—行为—情景理论）在对复杂行为模型的进一步补充和扩展的基础上，认为农户自身是否选择垃圾分类行为（B），是受农户自身内部的主观态度因素（A）以及外部情景条件（C）共同驱动作用，更强调外部情景因素的作用发挥。例如，当农户参与垃圾分类的主观态度意识不高时，可以通过外部的制度约束及奖惩措施等促进其主动或者被动地进行垃圾分类。因此，笔者基于 A-B-C 理论，深入挖掘影响农户参与生活垃圾分类的内外部驱动因素，以期通过实施相应的垃圾分类政策制度提高农户参与生活垃圾分类的积极性。

3.5.1　影响农户参与生活垃圾分类的内部因素

目前，农村生活垃圾分类已成为研究热点。近年来，学者们通过大量的理论及实证研究得出，要解决农村生活垃圾分类难题必须高度重视农民的主要作用，通过激活农户自身参与生活垃圾的积极性提高农村生活垃圾分类效果。因此，哪些因素会驱动农户的参与度逐渐成为各学科研究者所关注的热点问题。据研究表明，农户自身的垃圾分类认知、环保态度、环保感知等内部心理认知及情感因素对其参与行为产生显著的正向影响。例如，在心理认知因素方面，王晓楠认为农户感知到的环境价值的提升能够有效促进其垃圾分类的参与意愿。在心理和情感因素方面，贾亚娟和赵敏娟研究发现农户对垃圾分类环境关注正向影响农户参与生活垃圾管理的意愿和支付意愿。虽然学者对农户参与生活垃圾分类的内部驱动因素行为进行了大量研究，但缺乏将农户对垃圾分类的关注度视为一个农户心理情感因素进行探索，从而导致研究结论解释力不足。综上所述，笔者认为内在因素影响农户个体参与垃圾分类的行为，进而本书将农户的环境保护意识以及垃圾分类的关注度两个变量作为影响农户生活垃圾分类行为的关键内在因素进行实证分析。

（1）环境保护意识

综合学者们现有研究得出，农户的行为态度可以用农户对环境保护的认识程度来表征。农户自身对环境保护的认识水平会影响其是否选择参与的决策行为，具有不同程度的环境保护意识的农户在面对相同信息情况下也会做出不同的决策行为，从而表现出差异化的垃圾处理行为。环境保护意识水平的高低与农户参与生活垃圾分类行为的具体关系会在实证分析部分进行验证。

（2）垃圾分类关注

行为态度是指农户对垃圾分类行为所持的正向或者负向的评价，是农户对于目标行为所持有的看法。如果农户面对垃圾分类行为持有积极态度，那么，他更倾向于关注垃圾分类相关事宜；如果农户面对垃圾分类行为持有消极态度，那么，他不愿意关注。同样的，农户对垃圾分类关注度越高，通过在关注中验证自己参与行为预期的价值或者损失，越容易提高或者降低其垃圾分类的行为选择。因此，本书尝试基于 A-B-C 态度理论模型首次将垃圾分类关注纳入农户参与生活垃圾分类的内部影响因素，以期拓展现有研究。

3.5.2　影响农户参与生活垃圾分类的外部因素

通过梳理学者的研究得出，外部情景因素对农户参与生活垃圾分类行为有显著的正向作用。外部情景因素主要包括有关垃圾分类的制度法规、基础设施建设以及激励机制等。部分文献也提及社会资本作为外部因素的作用，但研究都较为离散，主要从单一视角对农户参与生活垃圾分类的外部驱动因素进行研究，导致农户参与垃圾分类的外部性因素研究缺乏系统性，难以真正挖掘其外部环境的作用机理。因此，本书基于协同治理视角，将政府支持与社会资本作为影响农户参与生活垃圾分类的重要外部驱动因素，并构建外部驱动机理的分析体系，进而进行实证分析。

3.5.3　驱动机理分析

基于上述分析，笔者认为影响农户参与生活垃圾分类的行为的因素有来自外部环境的政府支持及社会资本的培育，也有来自农户自身的环境感知。内外部共同驱动农户的参与行为，并且外部环境在直接发挥作用的同时也通过内因间接发挥驱动作用，具体的驱动机理如图 3-1 所示。

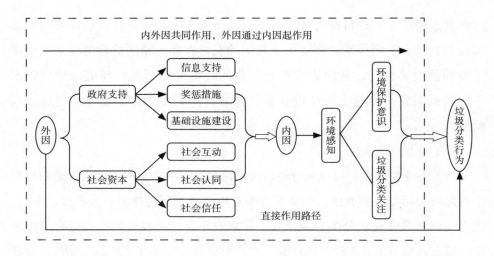

图3-1　农户参与生活垃圾分类行为的驱动机理

3.6　数据说明

3.6.1　数据来源

本书所用数据来源于笔者 2021 年 6～12 月在贵州省农村地区开展的实地调研。为保证数据质量，笔者组织调研团队开展了多次预调研工作，对预调研结果进行分析，主要是通过 Stata 17.0 统计软件对问卷进行信效度检验并修正问卷，形成最终的调研问卷以便开展正式调研。具体而言，依托笔者所获立项的市级课题开展预调研工作，依据《贵安新区直管区生活垃圾分类和资源化利用工作实施方案》，选取星湖社区、星河社区、平寨村以及元芳村作为预调研地区，调研团队于 2022 年 6 月对调研区域进行了实地预调研，发放问卷 210 份，回收有效问卷 200 份，问卷有效率达 95.23%。在预调研数据进行信效度检验及因子分析的基础上，对原始问卷进行了修正，删除无效题目设置，形成了正式的调研问卷。问卷主要包括受访者即农户的基本特征、农户环境感知意识及价值、农户垃圾分类认知与意愿、农户垃圾分类现状及原因、垃圾分类政府支持状况及农户社会资本现状等内容，并通过查阅大量的文献，构建了关键指标点，为正式调研提供理论依据。在正式调研阶段，笔者对所有调研员进行了系统培训，调研数据以分层抽样的方法获得。具体抽样方法如下：

首先，参照 2021 年《贵州统计年鉴》《贵州农村统计年鉴》《贵州省农村生活垃圾治理专项行动方案》、贵州省乡村振兴"十百千"示范工程以及贵州省农村人居环境整治三年行动方案等文件及数据资料，综合考虑贵州省农村发展情况、地区生产总值、生活垃圾处理情况、地理位置与人口密度等，选择了贵阳市、贵安新区、遵义市、六盘水市、铜仁市、黔西南州、黔南州、毕节市、黔西市共9个地州市。其次，根据各市区统计资料及各地区试点工作情况，在每个市区选择1～2个乡镇，共15个乡镇。再次，根据各乡镇反映的情况，依照乡镇大小，在每个乡镇分别选取1～2个示范及非示范行政村，共25个行政村。最后，在与每个村委会工作人员进行深入访谈后，根据村庄的实际居住人口等情况，在每个村庄随机抽取15～40名农户进行一对一的问卷调查，一份问卷的调研时间大概为半小时。最终回收问卷900份，剔除不合格问卷16份，有效问卷884份，问卷有效率为98.22%。回收样本中，试点区域样本为464份，非试点区域样本为436份。本书样本具有较好的代表性，体现在样本基本涵盖贵州省各地州市农村地区，且示范与非示范地区样本数量基本均衡，有利于了解贵州自身农村垃圾分类的真实现状，进而为贵州省农村地区垃圾分类提供客观且具针对性的政策建议。

3.6.2　样本的基本特征

（1）受访农户的基本特征

由表3-1可知，受访者男女比率接近1：1，其中男性受访农户人数为441人，占比为49.89%，女性受访人数为443人，占比为50.11%。从年龄分布上来看，年龄在18岁以下的有138人，占比为15.38%；19~29岁的有185人，占比为20.93%；30~39岁的有191人，占比为21.61%；40~49岁的有155人，占比为17.53%；50~59岁的有124人，占比为14.03%；60岁以上的有91人，占比为10.29%，年龄分布基本均衡，便于呈现各年龄阶段对农村生活垃圾分类的客观情况。受访者中，党员有104人，占比为11.76%，非党员有780人，占比为88.24%。受访农户中，已婚的有605人，占比为68.44%，未婚的有279人，占比为31.56%。从受教育程度来看，初中及以下占比最多，为55.77%，高中或中专占比为23.98%，本科或大专占比为18.89%，研究生及以上占比为1.36%，这与经济相对落后的贵州地区的农村人口的教育现状相符。农户基本特征统计结果表明，受访者样本数量具有一定普遍性，性别、各年龄段受访者数量基本均衡，婚姻状况、受教育程度及身体健康状态也与研究区域农村地区现实情况基本相符。

表3-1　受访农户的基本特征

指标	类别	样本量	百分比 / %
性别	男	441	49.89
	女	443	50.11
年龄	18 岁以下	138	15.38
	19~29 岁	185	20.93
	30~39 岁	191	21.61
	40~49 岁	155	17.53
	50~59 岁	124	14.03
	60 岁以上	91	10.29
受教育程度	初中及以下	493	55.77
	高中或中专	212	23.98
	本科或大专	167	18.89
	研究生及以上	12	1.36
婚姻状况	已婚	605	68.44
	未婚	279	31.56
是否为党员	是	104	11.76
	否	780	88.24

（2）受访者家庭的特征

由表 3-2 的统计结果可知，在 884 个受访样本中，家庭人口数在 3 人以下的占比为 18.1%，家庭人口数分布最多的为 3 人的占比为 52.6%，4 人的占比为 29.1%，平均人口数为 3.11 人。从家庭年总收入水平分析，4 万元及以下共占比为 30%，收入水平在 4 万~ 8 万元的农户占比为 36.4%，收入水平在 8 万~ 12 万元的农户占比为 22.9%，收入水平在 12 万元以上的农户占比为 10.5%。家庭平均总收入为 7.89 万元，人均收入为 2.54 万元，根据贵州省 2022 年统计年鉴显示贵州省 2020 年中高收入组人均可支配收入为 2.6662 万元。垃圾分类试点区域多选在经济发展水平较好的地区，统计结果符合样本区域的基本收入特征。在受访农户身体健康水平中，61.1%的农户身体较好，31.4%的农户身体一般，仅有7.5%的受访农户身体较差。

表3-2　受访者家庭的特征

指标	类别	样本量	百分比 / %	有效百分比 / %	累积百分比 / %
家庭人口数	1	4	0.4	0.4	0.4
	2	156	17.7	17.7	17.7
	3	467	52.6	52.6	70.8
	4	257	29.1	29.2	100
家庭年收入	4 万元以下	266	30	30.1	30.1
	4 万～8 万元	323	36.4	36.5	66.6
	8 万～12 万元	202	22.9	22.9	89.5
	12 万元以上	93	10.5	10.5	100
身体状况	较好	541	61	61.1	61.1
	一般	277	31.4	31.4	92.5
	较差	66	7.5	7.5	100

（3）农户垃圾分类行为特征

目前，贵州省农村生活垃圾分类的标准尚未形成规范化标准，虽然各地州市都在另辟蹊经，但无论是试点村还是非试点村，农户的分类意愿都不强烈，进行严格分类的更是少之又少。根据贵州省农村实地调研发现，严格分四大类的仅占9.4%，简单分类的占46.1%，剩下的44.4%的受访农户均不分类。进一步分析，严格分类的农户所在区域基本为示范点，只有9.43%的农户所在区域为非示范点。性别在垃圾分类上并无明显差异。从年龄层次分析，各年龄阶段选择简单分类的比率最高，严格分类中18岁以下的占比最高，为15.44%，原因可能与这部分受访者大多为学生，对垃圾分类知识的了解程度较其他群体高有关。从受教育程度来分析，各受教育层次样本农户选择严格分类占比在10.20%～15.38%，简单分类在37.80%～63.25%，不分类的随着文化水平的提高比率基本呈现逐渐下降趋势，占比依次为52.00%、42.45%、25.30%、30.77%。

从收入水平分析，随着家庭年总收入水平的提高，农户选择简单分类的比率呈上升趋势，即收入水平越高，选择简单分类的农户占比越高。其中，收入水平在 12 万元以上的农户，其选择简单分类模式的比率达到 76.74%，同时，随着收入水平的不断提高，不分类的农户占比呈现逐渐下降趋势，收入从低到高的受访者占比分别为 52.98%、43.39%、48.44%、18.60%；而在严格分类的受访者中，随着收入水平的不断提高，农户选择严格分类的占比总体呈现下降趋势，这说明随着收入的增加，农户选择严格分类行为的意愿较低。从婚姻状况分析，已婚未婚受访者在选择严格分类上无明显差异，选择简单分类的比例分别为 38.84%、61.75%，而选择不分类的占比分别为 52.23%、28.07%，这在一定程度上说明未婚的受访者更愿意进行垃圾分类。从从事的工作分析，各类型工作受访者选择严格分类、简单分类、不分类的差异不明显，这说明工作性质与垃圾分类的相关性不明显。具体统计指标如表 3-3 所示。

表3-3　垃圾分类行为选择的基本特征

指标	类别	严格分类 /%	简单分类 /%	不分类 /%
性别	男	11.61	44.87	43.53
	女	7.00	47.63	45.37
年龄	18 岁以下	15.44	63.97	20.59
	19 ～ 29 岁	5.98	64.67	29.35
	30 ～ 39 岁	13.02	42.71	44.27
	40 ～ 49 岁	10.97	34.84	54.19
	50 ～ 59 岁	8.00	32.00	60.00
	60 岁以上	0.00	29.29	70.71
受教育程度	初中及以下	10.20	37.80	52.00
	高中或中专	5.66	51.89	42.45
	本科或大专	11.45	63.25	25.30
	研究生及以上	15.38	53.85	30.77

续表

指标	类别	严格分类 /%	简单分类 /%	不分类 /%
婚姻状况	已婚	8.93	38.84	52.23
	未婚	10.18	61.75	28.07
是否为党员	是	11.43	55.24	32.38
	否	9.03	44.91	46.06
从事的工作	务农	6.87	34.71	58.42
	自营业主	7.80	46.10	46.10
	企事业单位	14.77	54.55	30.68
	无正式工作	11.76	47.06	41.18
	退休	0.00	46.67	53.33
	其他	11.11	54.86	34.03
区域类别	试点村	—	—	90.57
	非试点村	—	—	9.43
年收入水平	4 万元以下	10.12	36.90	52.98
	4 万～ 8 万元	12.93	43.68	43.39
	8 万～ 12 万元	5.88	45.67	48.44
	12 万元以上	4.65	76.74	18.60

3.7　本章小结

　　首先，本章从全国层面对农村生活垃圾的特点进行了描述，分析近年来农村生活垃圾呈现出数量不断增长、类型日益复杂、危害逐渐扩散、地区差异日趋明显、影响因素不断多样等特点。其次，对目前全国各地垃圾分类典型模式进行了阐释，在此基础上结合多次实地调研及深度访谈的结果，对研究区即贵州省农村地区垃圾分类现状进行客观描述，依据问卷分析结果，进一步阐释贵州省农村生活垃圾分类存在的主客观问题。分析表明，目前贵州省农村地区从政府层面来说存在以下问题：①资金投入缺乏导致部分地区垃圾分类设施建立尚未完善；②规模化的分类模式尚未形成；③垃圾分类知识宣传成效不明显；④尚未形成完善的激励、监督及反馈机制；⑤协同治理机制不完善。从社会层面来说，社会资本的作用未充分发挥。从农户层面来说，自身环保意识弱，知识的缺乏、不分类习惯的固化等都在一定程度上影响了农村生活垃圾分类工作的成效。最后，以贵州省农村地区农户为调研对象，分析样本的基本特征，包括受访者的人口学特征、家庭特征，并对受访者垃圾分类的行为特征进行了深入分析。根据总体特征分析得出，贵州省农村地区目前的垃圾分类效果不佳，大部分农户更倾向于简单的垃圾分类，只有少数对可回收的垃圾进行分类，且垃圾分类在试点村和非试点村存在明显差别。对影响农户参与垃圾分类行为因素进行分析，从人口学特征来说，垃圾分类意愿在性别及工作性质上并无明显差异。从年龄来说，18 岁以下的受访者严格分类的占比较大，简单分类在各年龄阶段差异不明显，随着年龄的增长，不分类的比率逐渐增加。从婚姻状况分析，数据在一定程度上说明未婚受访者更愿意进行垃圾分类。对于其他影响因素的分析将在本书第 4 ～第 6 章的实证分析中阐释。

第4章　生活垃圾分类治理的农户参与：政府支持

4.1　影响机理分析

推进农村生活垃圾治理是贯彻乡村振兴战略的重要基础，也是补齐农村基本公共服务短板，实现城乡统筹发展的重要举措。近年来，随着经济的快速发展及城乡一体化进程的不断加快，农村生活垃圾污染形式日益严峻。根据国家统计局的数据，2020年中国农村人均生活垃圾日产量为0.8千克，每年产生农村垃圾约4亿千克，其中至少有1/4亿吨以上未作任何处理。为了解决垃圾污染问题，学术界进行了大量的理论研究，全国各地也都积极探索垃圾治理新模式。大量研究及具体实践表明，解决垃圾污染等环境问题需要每个人的参与，应充分发挥农户参与的主体作用。为了促进居民进行垃圾分类，中国自2019年7月起实施生活垃圾分类管理条例，旨在促进居民进行垃圾分类。但在现实生活中，政府推广垃圾分类仍面临巨大的挑战和压力，垃圾混投行为仍大量存在，居民垃圾分类参与度不高。尤其是农村地区，由于村民居住分散和环保意识薄弱，加上长期投入不足，农村地区生活垃圾处理的问题相较城市更为严峻。不仅如此，在经济欠发达地区，农户对环境的需求落后于其基本的生产和生活需求，在其经济发展与环境污染之间存在倒"U"型环境库兹涅茨曲线关系。因此，需要政府介入，进行环境治理引导，推动垃圾分类政策落实。

新制度经济学认为，制度是为了约束人们之间的互动，在各方博弈结果下设计的一个社会规则。农户的垃圾治理行为不仅是个人效用最大化后的理性选择，同时也受外部环境制度以及政府支持的影响。具体影响机制理论框架如图4-1所示。

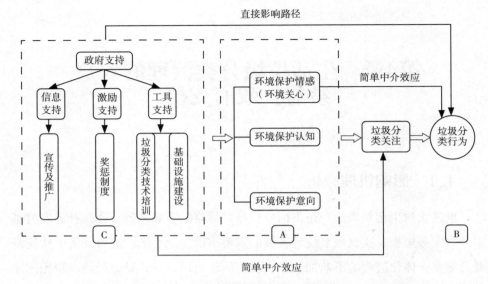

图4-1 A-B-C理论框架下政府支持影响农户生活垃圾分类行为的机理

4.2 研究假设

4.2.1 政府支持与生活垃圾分类行为的研究假设

本书中农户参与生活垃圾治理行为的外部制度环境主要是指目前政府对于农村生活垃圾分类的一系列制度安排，其不仅包括正式的和非正式的规章制度，还包括资金供给、公共物品供给以及一系列配套措施。结合本书的研究内容，基于已有研究对政府支持内涵外延的阐释，笔者对农户参与生活垃圾分类行为的政府支持从以下三个维度进行测度：一是信息支持，主要体现为政府通过多渠道、多媒介手段开展的农村生活垃圾分类的知识宣讲或政策传播，以此增强农户自身环境保护知识及意识；二是通过出台相关的奖惩措施，以期充分调动农户参与生活垃圾分类的积极性，激发农户参与生活垃圾分类的潜力；三是提供农村生活垃圾分类所需的基础设施并对相关人员进行专业的技术培训，为农户参与行为提供基础保障。基于此，本章提出以下假设：

4-2 a 政府信息支持直接显著正向影响农户参与生活垃圾分类行为

4-2 b 政府奖惩措施直接显著正向影响农户参与生活垃圾分类的行为

4-2 c 政府基础设施建设直接显著正向影响农户参与生活垃圾分类的行为

4.2.2 环境保护意识中介变量研究假设

近年来，随着人们对空气质量等环境问题不断关注，越来越多个体自愿地参与到与环境治理有关的亲环境行为中，而学者们也逐渐开始关注个体环境行为的影响因素及影响机理的探讨。环境行为（Environment Behavior）是一个宽泛的概念，除了研究个体的环境行为外，还研究组织行为、企业行为、社会价值等与环境有关的问题。它基于多个角度探讨环境问题，寻求环境和行为的辩证统一，其目的是追求生活品质的提高。环境权理论认为，个体享有对其所处环境维持正常生产、生活的权利，即个体享有使用良好环境的权利。因此，当环境危机来临时，个体有权参与到环境决策事宜，有权向危害环境的组织或者事宜提起诉讼。另外，从环境义务理论看，个体也有保护环境的义务。从垃圾治理的角度分析，农户享受不受农村垃圾造成的环境污染的权利，同时作为垃圾的生产者，其也负有垃圾治理、维护环境免于污染的义务。

在生活垃圾分类行为中，农户在履行环境保护义务过程中，首先要树立环境保护观念。从根本上说，环境保护意识是一个哲学概念，是人们对环境的认识水平和保护环境的自觉程度，也是人们不断调整自身经济活动与社会性的一个重要出发点。换言之，环境保护意识包括两个方面的含义，其一，人们对环境的认识水平，即环境价值观念，包含心理、感受、感知、思维和情感等因素；其二，人们保护环境行为的自觉程度。这两者相辅相成，缺一不可。本书假设政府支持对农户的环保意识产生正负向影响，即正向支持对农户环保行为有促进作用，反之亦然。具体而言，政府通过垃圾分类等环境保护的宣传活动提高农户的"主动"环保意识，通过垃圾分类等相关奖惩制度的出台强制性地提高农户"被动"的环境保护意识，通过垃圾分类基础设施建设等为农户营造良好的环境保护氛围。从环境保护的内涵可以看出，农户环境保护意识的高低决定了其对垃圾分类的认识水平，进而调整自己的社会行为，决定其是否会自觉进行垃圾分类的实践活动。具体而言，农户环境保护意识的高低对其参与生活垃圾分类与否产生正负向影响，即环境保护意识越高，农户参与生活垃圾分类的积极性越高；反之亦然。因此，本书认为环境保护意识在政府支持影响农户参与生活垃圾分类行为中起中介作用，基于此，本书提出以下假设：

4-2 d 环境保护意识在政府信息支持影响农户参与生活垃圾分类行为中发

挥中介作用

4-2 e 环境保护意识在政府奖惩措施影响农户参与生活垃圾分类行为中发挥中介作用

4-2 f 环境保护意识在政府基础设施建设影响农户参与生活垃圾分类行为中发挥中介作用

4.2.3 垃圾分类关注中介变量的研究假设

环境行为理论认为，个体与环境不是孤立存在的，个体通过效用判断而选择影响环境的行为，这种行为可能是积极的，也可能是消极的。积极的行为会带来环境的优化，实现全社会的资源节约和可持续发展，而消极的行为则会导致资源的浪费及环境的恶化。本书将环境行为局限于狭义的环境行为，即基于个体与周围环境之间关系的一门学科，基于资源的有限性，一方面，个体对物质环境存在依存；另一方面，由于个体行为的不当，个体与物质环境之间存在此消彼长的关系，因此，环境行为重点是基于个体的角度，探讨个人参与环境治理的过程，该参与过程包括相关环境政策制定的预案参与，法律、法规实施的过程参与以及公众"从我做起"的行为参与等。个体的环境行为研究涉及多学科、多领域的交叉，比如环境心理学、社会地理学、环境社会学等。其中，环境心理学关注人的内在心理过程，旨在通过研究个体的知觉、认知、行为控制等心理因素探讨个体环境行为。垃圾分类是一种积极的环境行为，属于环境行为学的环境心理学领域，研究了解个体的知觉、认知、学习等对垃圾分类行为的影响。

外部性理论起源于弗雷德·马歇尔提出的外部经济概念，外部性是指某主体实施某行为时对另一主体造成的可能是好或者不好的影响，但是受影响的主体并不会因为得到好处而需要支付一定费用，或者因受到损失也就是不好的影响得到一定补偿。一般来说，使他人得到好处的外部性为正外部性，使他人利益受损的外部性为负外部性。生活垃圾分类治理可以改善农村居住环境和自然生态环境。一方面，农户参与分类治理会给其带来成本的增加；另一方面，分类治理使参与农户社会福利增加的同时，也会对没有参与者以及周边社会和自然生态环境产生一定的正向溢出效益，这部分溢出效益被没有参与的其他人或者社会公众享用，但是参与农户支付的成本却未被他人和社会分担，如果参与农户承担的成本得不到补偿或者补贴，参与农户的积极性则会被削弱，而政府作为民众的代表者，可以通过补贴形式协调参与农户的成本效益，实现外部成本的内部化。

基于上述环境行为理论及外部性理论的分析，本书认为农户参与生活垃圾分类相关讨论及垃圾分类关注在一定程度上会影响其垃圾分类行为，而政府的支持也会促进或者约束农户的环保活动参与情况，且垃圾分类关注在政府支持影响农户参与垃圾分类活动中发挥中介作用。具体而言，一方面，农户关注并参与政府组织的垃圾分类宣传等活动，能够在一定程度上提升自己对垃圾分类等环境保护活动参与的决策行为，且农户对垃圾分类的关注对其最终是否进行垃圾分类实践行为产生正负向影响；另一方面，政府出台的关于垃圾分类的奖惩制度也会反向提高农户对垃圾分类的关注度，进而影响其参与垃圾分类的行为决策。换言之，政府出台的垃圾分类奖励性制度会正向激励农户积极关注垃圾分类活动，提高农户的垃圾分类参与度，而惩罚制度则会对日常不关注垃圾分类活动的农户进行负向激励，督促农户实施垃圾分类的行为，起反向的促进作用。最后，政府对垃圾分类基础设施的建设情况会引起农户对生活垃圾分类的关注，进而选择是否进行垃圾分类。基于此，本书提出以下假设：

4-2 g 农户垃圾分类关注度在政府信息支持影响农户参与生活垃圾分类行为中发挥中介作用

4-2 h 农户垃圾分类关注度在政府奖惩措施影响农户参与生活垃圾分类行为中发挥中介作用

4-2 i 农户垃圾分类关注度在政府基础设施建设影响农户参与生活垃圾分类行为中发挥中介作用

4.2.4　环境保护意识和垃圾分类关注的链式中介变量的研究假设

生态环境作为一种公共物品，存在支持理性经济人"搭便车"的条件，因而出现"搭便车"现象。现有研究表明，农村生活垃圾在一定程度上属于公共物品，基于农户理性经济人的有限选择，也存在"搭便车"的条件。因此，农户在考虑是否参与生活垃圾分类这一决策时，往往会依据付出—收益关系决定其行为，追求以最小的付出获得最大的收益，即这个评判过程会在一定程度上决定农户环境保护意识的高低，进而影响其主动或被动参与农村生活垃圾分类活动。因此，农户的有限理性选择会影响其垃圾分类行为，需要政府、社会等外部环境对其行为进行引导或约束。

本书采用 Guagnano 提出的 A-B-C 理论（态度—行为—情景理论）对环境保护意识与环境保护行为进行研究。该理论认为，农户自身对环境保护的态度会影响其垃圾分类的行为，同时可以通过创造有利的外部情景改善农户不愿分类的消极行为，环境保护的态度也会影响其环境保护意识，进而影响农户参与垃圾分类相关活动的行为选择并决定其是否会进行垃圾分类。基于以上理论分析，本书认为环境保护意识和垃圾分类关注在政府支持影响农户参与农村生活垃圾分类中发挥链式中介作用。基于前文分析，政府所做的垃圾分类正向宣传会对农户环境保护意识有促进作用，环保意识的高低又进一步影响其是否关注垃圾分类相关活动，最终影响其生活垃圾分类的决策行为。不仅如此，政府制定的有关垃圾分类的奖惩制度会对农户的环境保护意识有促进或者约束作用，环境保护意识的高低进而会影响农户对垃圾分类活动的关注度选择并最终干扰对其垃圾分类实践行为决策。最后，政府对于垃圾分类基础设施的建设情况，在一定程度上为农户营造了"环境保护，人人参与"的浓厚氛围，对其环境保护意识的提高起"润滑剂"的作用，长期持续良好的垃圾分类的浓厚氛围会潜移默化地影响农户对垃圾分类的关注，进而转变其垃圾分类行为。基于此，本书提出以下假设：

4-2 j 环境保护意识和垃圾分类关注在政府信息支持影响农户参与生活垃圾分类行为中发挥链式中介作用

4-2 k 环境保护意识和垃圾分类关注在政府奖惩措施影响农户参与生活垃圾分类行为中发挥链式中介作用

4-2 l 环境保护意识和垃圾分类关注在政府基础设施建设影响农户参与生活垃圾分类行为中发挥链式中介作用

4.3　变量选取与模型构建

4.3.1　因变量

本书中，农户参与农村生活垃圾分类行为的测度是基于笔者对贵州省农村地区农户的分类行为的实地调研。具体而言，将农户参与生活垃圾分类行为按照严格分类、简单分类、不分类 3 类进行测度，即通过询问"您对生活垃圾的处理方法一般是"（3= 严格分类；2= 简单分类；1= 不分类）进行测度。

4.3.2　被解释变量

农户是农村生活垃圾的源头产生者，但同时也是量化、实施垃圾分类的执行者，农户参与垃圾分类的积极性高低直接决定了农村生活垃圾分类的成败。一般而言，农户的参与行为受到内外部因素的共同作用。在外部因素中，政府支持作为垃圾分类的主导者，是促进垃圾分类的外在情境因素。在政策效应方面，吴晓琳等认为政府的立场及干预方式对垃圾分类的政策制度环境、环境整治政策及"村规民约"中是否有环境保护方面内容等对其产生较大影响。但运用政策工具对公民进行激励上的欠缺，其分类意愿和行为间的鸿沟未能得到有效弥合，而政府通过政策倾斜、制度确认及资金扶持等有效手段能够促进垃圾分类政策的落实，采取有效的激励政策、制定和完善制度规范等保障垃圾分类政策措施的有效落实。在基础设施方面，问锦尚等学者通过国外文献分析认为设施的便利性是影响垃圾分类行为的重要因素，政府对垃圾分类硬件设施的投入、完善回收设施、处置设施布局等都对民众是否进行垃圾分类产生显著影响。

结合已有文献研究对垃圾分类相关问题的研究，本书在借鉴学者们对政府支持维度的界定，提出政府支持维度具体包括所提供的垃圾分类设施情况、所制定的激励措施情况以及政府对垃圾分类知识及技术的宣传和推广情况。通过预调研的数据结合已有的研究分析发现，政府通过发放宣传手册、举行垃圾分类活动及上门培训等教育宣传手段在一定程度上能提高农户对垃圾分类的了解与认识，进而动摇其不参与垃圾分类的想法。参与与否，与农户本身作为理性经济人追逐"经济理性"而忽视生态环境保护上的理性有直接关系。农户在经济理性与生态理性之间的博弈仍然会持续很长一段时间，目前农村地区的垃圾治理还是由政府主导。因此，在此过程中，基层政府还要进一步加大宣传力度，在提高农户生态环境保护意识的基础上，激发其生态理性意识。上述为本书所提的政府支持的第一个维度，即信息支持，从"垃圾分类宣传频率""垃圾分类技术培训频率"方面进行测度。作为外部驱动因素的政府，必须制定各种激励措施，鼓励和推动农户参与生活垃圾分类行为。这即为本书所界定的政府支持的第二个维度，即激励支持，在本书的分析中从"垃圾分类奖惩制度""垃圾分类奖品激励""垃圾分类补贴"等方面进行测度。最后，垃圾分类基础设施是否完善，是农户进行垃圾分类的前提。通过预调研数据分析表明，若政府未提供完善的垃圾分类设施，农户会因投放不便而削弱其参与的积极性。此外，在投放、收运、转运及处置等环节的软件设施也会对农户垃圾分类的意愿与行为产生影响。在预调研过程中，元方村一农户抱怨说政府没有配备足够标准的垃圾分类桶，就算自己对垃圾进行了分类投放，但来收垃圾的人也是混合在一起，使他觉得没有必要进行分类。这一个别现象在一定程度上反映出基础实施的完善情况也是影响农户参与行为的一个重要因素，且为前提性因素。上述即为本书政府支持的第三个维度即工具支持，本书将从"基础设施配备情况"等进行测度。

基于已有文献研究以及本书第 2 章对政府支持内涵的界定，依据前文所述，本章的核心解释变量政府支持即通过信息支持、奖惩措施和基础设施建设进行变量解释。基于本书的实地调查数据，政府奖惩措施变量通过询问"您所在的村庄是否会发放小礼品鼓励农户进行垃圾分类？您所在的村庄是否为垃圾分类制定了表彰或者惩罚办法？您所在的村庄是否对参与垃圾分类的农户进行补贴？您所在的村是否配备有督促垃圾分类的人？您所在的村委会发现村民不分类时是否会采用惩罚措施？（2= 是；1= 否）"进行测度；政府信息支持变量通过询问"您所在的村开展垃圾分类政策宣传工作的频率？您所在村庄开展垃圾分类相关垃圾治理的技术培训的频率？（1= 从不；2= 偶尔；3= 经常）"进行测度；政府基础设施建设变量则通过询问"您所在的村庄是否配备了充足的垃圾处理设施？（1= 完全不符合；2= 比较不符合；3= 中立；4= 比较符合；5= 非常符合）"进行测度。

4.3.3 中介变量

本书从协同视角，拟从外部制度环境即政府支持层面对农户参与生活垃圾分类的影响因素进行分析。就农户个人环境保护层面而言，农户的生活垃圾分类投放行为是一种环境保护行为，具有一定的益社会性（郭利京，赵瑾，2014）。这种益社会性的环保行为跟农户自身感受到的环境污染严重程度具有一定的相关性。换言之，农户对外界环境污染的负面评价及认知在一定程度上影响了他对垃圾分类的关注度，进而影响其行为。因此，农户对生活垃圾不分类投放会产生环境污染的认知情况，会影响其对垃圾分类本身的关注，进而影响其参与生活垃圾分类的行为决策。具体来说，农户如果感知到未经分类投放堆积的垃圾会污染其所居住的环境并可能影响其身体健康等隐性深层次问题，这种感知会直接影响农户参与生活垃圾分类的意愿。从环境责任意识维度分析，农户是否愿意参与垃圾分类与其环境责任意识紧密相关。农户对于自身解决垃圾污染、生态破坏等环境问题所形成的主观意识，主要体现在农户解决环境问题时的决心和奉献精神等方面，其形成的强大内在推动力能够驱动其承担环境保护责任。在面临本书的生活垃圾分类问题面前，作为有限理性人的农户，对待是否保护具有一定公共物品属性的生态环境问题，其更趋向于维护个人利益而损坏集体利益，甚至社会利益。这一现象在一定程度上解释了微观经济学中的个体效用最大化理论。因此，外部的政府支持对其是否具有环境保护意识有引导和约束作用。

　　基于已有相关文献分析，鉴于环境的改善能够影响农户身心健康、幸福感、获得感以及安全感等多方面，本章拟分析农户环境保护意识和垃圾分类关注对政府支持对农户参与生活垃圾分类行为的链式中介作用，并构建了环境保护意识维度及垃圾分类关注的指标体系，并设置以下问题进行中介变量的测度。首先，环境保护意识中介变量通过询问："人类为了生存，必须与自然和谐相处；人类不仅应该关心生存和生活问题，还有生活垃圾等环境问题；环境保护，人人有责进行测度，具体测度方法参照李克特的五级量表（1= 完全不同意；2= 比较不同意；3= 不好说；4= 比较同意；5= 非同意）。垃圾分类关注中介变量则通过询问"您是否和其他村民一起讨论垃圾分类问题？您是否参加过垃圾分类相关活动？（1= 从不；2= 偶尔；3= 经常）"进行测度。

4.3.4　控制变量

　　已有研究表明，农户的个体特征、家庭特征等是农户是否参与生活垃圾分类的影响因素。因此，本书选取了受访者的性别、年龄、受教育程度、居住年限、身体状况等人口统计学特征作为控制变量。同时，垃圾分类行为会受到与基础设施距离的影响，本书也选取需要步行到垃圾分类设施的距离的控制变量来测度。

4.4 模型设定

4.4.1 二分类 Logit 模型

在一般的线性模型中，被解释变量为连续型变量，服从 $y \sim N(\mu, \sigma^2)$。而当被解释变量 y 属于二分类变量时，y 的取值通常为 0 或 1，服从 $y \sim B(1, p)$，此时线性回归方程不再适用于该分布的被解释变量。

对二分类变量的被解释变量，记 $P(y=1)=p$，则 $P(y=0)=1-p$。假设 $X(x_1, x_2 \cdots, x_p)$ 表示自变量向量。值得注意的是，此时我们并不关注因变量 X 与自变量 y 之间的关系，而是需要研究 $P(y=1)$ 或 $P(y=0)$ 的概率与自变量 X 之间的关系，这正是与线性模型的不同之处。为了将自变量 X 与 y 的取值概率联系起来，在此引入了 Logistic 函数，其形状为 "S" 形曲线，表达式为：

$$P(y=1|X) = \frac{1}{1+e^x} \tag{4-1}$$

该式表示在当前自变量 X 下，因变量 y 取 1 的概率。

$$P(y=0|X) = 1 - P(y=1|X) = 1 - \frac{1}{1+e^x} \tag{4-2}$$

同样地，对式（4-1）和式（4-2）做 Logit 变换可得：

$$\ln\left(\frac{P(y=1|X)}{1-P(y=1|X)} - \theta\right) = X\beta = \beta_0 + \beta_1 x_1 + \cdots + \beta_p x_p = \log it(y) \tag{4-3}$$

式（4-3）即为二分类 Logit 模型，$\beta_i(i=1,2,\cdots,p)$ 为待估参数。但实际上，因变量往往是具有多个类别的情形，并且这些类别存在递进关系，此时称这类因变量为有序多分类，本书的被解释变量即属于这类变量，此时二分类 Logit 模型便不再适用，因此我们需要对其进行改进。

4.4.2 多分类有序 Logit 模型

假定 y 为有序多分类变量，共有 K 个类别，$X = (x_1, x_2, \cdots, x_m)$ 表示自变量向量，记 y 取值为 k 的概率为 $\pi_k = P(y=k|X)$，$k=1,2,\cdots,K, \sum \pi_k = 1$。首先将 K 个类别分为两类：$\{1, 2, \cdots, k\}$ 和 $\{k+1, k+2, \cdots, K\}$，$k=1,2,\cdots,K-1$；然后对上述两个类别做二分类 Logit 回归，最后需要拟合如下 $K-1$ 个二分类 Logit 回归模型：

$$\sum_1^k p_k = \frac{e^{ak+\sum_1^m b_i x_i}}{1+e^{ak+\sum_1^m b_i x_i}}, j=1,2,\cdots,K-1, i=1,2,\cdots,m \tag{4-4}$$

$$\sum_1^{k-1} p_k - 1 = \frac{e^{ak-1+\sum_1^m b_i x_i}}{1+e^{ak-1+\sum_1^m b_i x_i}}, j=1,2,\cdots,K-1, i=1,2,\cdots,m \tag{4-5}$$

式（4-5）减去式（4-4）可得：

$$p_k = \frac{e^{ak+\sum_1^m b_i x_i}}{1+e^{ak+\sum_1^m b_i x_i}} - \frac{e^{ak-1+\sum_1^m b_i x_i}}{1+e^{ak-1+\sum_1^m b_i x_i}} \tag{4-6}$$

$$p_k = 1 - \sum_1^{k-1} p_k = 1 - \frac{e^{ak-1+\sum_1^m b_i x_i}}{1+e^{ak-1+\sum_1^m b_i x_i}} \tag{4-7}$$

对上述两式进行 Logit 变化可得：

$$\log it = \ln\left(\frac{\sum_1^k p_k}{1-\sum_1^k p_k} - \theta\right) = a_k + \sum_i^m b_i x_i \tag{4-8}$$

式中，p_k 表示 π_k 的估计值，b_i 为偏回归系数 β_i 的估计值。

4.4.3　三分类有序 Logit 模型

本书中农户生活垃圾分类参与行为是典型的多元选择问题，基于前文的文献综述和假设提出，构建了政府支持对农户参与农村生活垃圾分类的影响因素模型，即有序多分类 logistics 模型。但考虑到环境保护意识和垃圾分类关注的中介作用，本章同步建立环保意识和垃圾分类关注与对农户参与农村生活垃圾分类的链式中介模型进行分析。

本章中有序多分类 logistics 回归因变量有三类，即农户垃圾分类行为有三类。有序多分类 logistics 模型按照"严格分类""简单分类"和"不分类"分别对三个变量赋值："严格分类"=3，"简单分类"=2，"不分类"=1。因此，本书被解释变量属于多分类有序变量，应当采用多分类有序 Logit 模型进行建模分析，模型具体形式如下：

$$\log it(p_k) = \ln\left(\frac{p(y \le k)}{p(y \ge k+1)}\right) = a_k + \sum_{i=1}^{m} \beta_i x_i \tag{4-9}$$

上式等价于：

$$p(y \le k|X) = \frac{e^{ak+\sum\limits_{i=1}^{m} \beta_i x_i}}{1 + e^{ak+\sum\limits_{i=1}^{m} \beta_i x_i}} \tag{4-10}$$

式中，p 表示农户参与生活垃圾分类行为决策的概率，$p_k = p(y = k|X)$ 代表农户采取某一行为决策的符合程度，$k = 1, 2, 3$；x_i 表示第 i 个影响农户参与生活垃圾分类行为的因素，$i = 1, 2, \cdots, m$；a_k 为模型的截距项；β_i 为相应的回归系数，$i = 1, 2, \cdots, m$。

4.4.4　链式多重中介模型

如果自变量 X 通过某一变量 M 对因变量 Y 产生一定影响，则称 M 为 X 与 Y 之间的中介变量或 M 在 X 与 Y 之间起中介作用。如果中介模型中仅有一个中介变量，则称为简单中介模型；如果有多个中介变量，则称为多重中介模型。多重中介按照中介变量之间是否存在顺序关系，分为并行多重中介模型与链式多重中介模型（序列多重中介）。并行多重中介模型表示中介变量之间相互独立，即 $X \rightarrow M_1 \rightarrow Y$ 和 $X \rightarrow M_2 \rightarrow Y$ 路径，而序列 / 链式多重中介模型表示中介变量之间存在顺序关系，即 $X \rightarrow M_1 \rightarrow M_2 \rightarrow Y$ 路径。链式多重中介模型通常包括三条间接路径：

① X–M_1–Y（独立中介）

② X–M_2–Y（独立中介）

③ X–M_1–M_2–Y（链式中介）

注：①②两条路径显著，第③条路径不显著，这说明该模型为并行多重中介；如果第三条路径显著，无论前两条是否显著，也可表明链式中介存在，如果三条路径均显著，则表明链式中介存在。

在本章中，因变量 Y 为农户参与生活垃圾分类行为，X_1 代表政府支持，其中 X_{1a} 代表政府支持的宣传等信息支持变量；X_{1b} 代表政府支持的奖惩制度变量；X_{1c} 代表基础设施建设变量；M_1 代表环境保护意识，M_2 代表垃圾分类关注。

因此，在本章的链式多重中介效应中，各维度变量设置的对应路径如下：

①政府信息支持—环境保护意识—垃圾分类行为（简单中介）

②政府奖惩制度—环境保护意识—垃圾分类行为（简单中介）

③政府基础设施建设—环境保护意识—垃圾分类行为（简单中介）间接效应

④政府信息支持—垃圾分类关注—垃圾分类行为（简单中介）

⑤政府奖惩制度—垃圾分类关注—垃圾分类行为（简单中介）

⑥政府基础设施建设—垃圾分类关注—垃圾分类行为（简单中介）

⑦政府信息支持—环境保护意识—垃圾分类关注—垃圾分类行为（链式中介）

⑧政府奖惩制度—环境保护意识—垃圾分类关注—垃圾分类行为（链式中介）

⑨政府基础设施建设—环境保护意识—垃圾分类关注—垃圾分类行为（链式中介）

具体模型如图 4-2 所示。

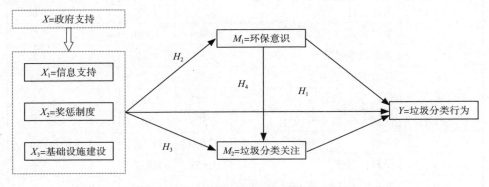

图4-2　链式多重中介模型

4.5　实证分析

4.5.1　描述性统计

根据模型设定和实际情况，研究设定的被解释变量、核心解释变量、中介变量和控制变量的基本描述统计如表 4-1 所示。剔除变量有缺失值的样本后，最后得到 884 份有效样本。调查发现：被解释变量农户参与生活垃圾分类行为，赋值为 1 ～ 3，样本均值为 1.647，表明农户在参与生活垃圾分类行为时至少可以做到简单分类。核心解释变量政府支持分为信息支持、奖惩措施和基础设施建设三个维度，信息支持维度的样本最小值为 2，最大值为 6，均值为 3.336，表明信息支持的力度还不够；奖惩措施维度的样本最小值为 0，最大值为 5，均值为 0.904，表明目前政府对奖惩措施等信息支持的力度比较小；基础设施建设维度的样本最小值为 1，最大值为 5，均值为 2.94，表明基础设施建设至少达到了中等水平，是政府支持三个维度中，做得相对较好的维度，其次是信息支持，最后是奖惩措施。第一个中介变量环境保护意识样本均值为13.682，表明农户在参与生活垃圾分类行为时环境保护意识较强。第二个中介变量垃圾分类关注样本均值为 3.121，表明农户在参与生活垃圾分类行为时垃圾分类关注还不够，以后需要提高对垃圾分类的关注。

表4-1　政府支持维度变量基本描述性统计

变量	变量含义	均值	标准差	最小值	最大值
Y	农户参与生活垃圾分类行为	1.647	0.644	1	3
X_{11}	信息支持	3.336	1.27	2	6
X_{12}	奖惩措施	0.904	1.394	0	5
X_{13}	基础设施建设	2.94	1.15	1	5
M_1	环境保护意识	13.682	1.72	3	15
M_2	垃圾分类关注	3.121	1.134	2	6
sex	性别（1= 男；0= 女）	0.503	0.5	0	1
age	年龄	37.371	17.119	5	86
edu	受教育程度	1.653	0.827	1	4
mar	是否结婚（1= 是；0= 否）	0.681	0.466	0	1
partymember	党员（1= 是；0= 否）	0.115	0.32	0	1
health	身体状况（1= 较差；2= 一般；3= 好）	2.534	0.633	1	3
fmpop	家庭人数	3.105	0.691	1	4
residtime	居住年限	23.616	19.385	0.5	86
distance	到达最近垃圾箱的步行分钟数	1.446	0.7	1	4

控制变量中包括被调查者个人和家庭特征基本信息。性别变量的均值为0.503，表明被调查者有50.3%为男性，49.7%为女性，性别比例较为均衡。年龄变量的样本均值为37.371，表明被调查者大多数为年轻群体。受教育程度的均值为1.653，表明被调查者的受教育程度位于初中和高中（中专）之间，受访者受教育水平在相对落后的贵州地区普遍较低。婚姻状态的样本均值为0.681，表明在被调查者中有68.1%是已婚状态，这与受访者年龄均值相符合。是否为党员的均值为0.115，表明被调查者中有11.5%的人为党员，说明绝大多数受访者为群众。身体状况的样本均值为2.534，表明被调查者身体健康程度至少达到了一般状态。家庭人数的均值为3.105，表明被调查者家庭人数为4～5人。居住年限的样本均值为23.616，表明被调查者都是当地人，且在当地居住的年限较长。步行多少分钟才能到达离您家最近的垃圾箱（垃圾池）的赋值为1～4，样本均值为1.446，表明被调查者平均步行到最近的垃圾箱（垃圾池）需要5～10分钟，距离最近的垃圾箱（垃圾池）的远近也会影响农户参与生活垃圾分类行为。

4.5.2　基准回归分析

（1）信息支持与农户参与生活垃圾分类行为

为了更好地体现解释变量—信息支持对农户参与生活垃圾分类行为的影响，在基准回归分析中，研究首先仅考虑单一解释变量对农户参与生活垃圾分类行为的影响，在此基础上依次将个人基本特征和家庭特征两类控制变量加入模型中，形成如表4-2所示的模型1至模型3的回归结果。

表4-2　信息支持与农户参与生活垃圾分类行为的基准回归分析

变量	模型1	模型2	模型3
X_{11}	0.619***	0.538***	0.543***
	（0.060）	（0.062）	（0.063）
sex		0.228	0.171
		（0.142）	（0.143）
age		−0.026***	−0.035***
		（0.006）	（0.008）

续表

变量	模型 1	模型 2	模型 3
edu		0.124	0.126
		（0.095）	（0.096）
mar		0.045	0.118
		（0.201）	（0.208）
partymember		0.143	0.137
		（0.231）	（0.229）
health		0.520***	0.507***
		（0.133）	（0.133）
fmpop			−0.111
			（0.111）
residtime			0.010**
			（0.005）
distance			−0.045
			（0.102）
N	884	884	884
r^2_p	0.077	0.132	0.135

注：*、**、*** 分别表示在 10%、5% 和 1% 的水平下显著，下同；括号内为稳健标准误。

综合表 4-2 模型 1 至模型 3 结果可知，无论是否加入个人特征因素、家庭特征因素等控制变量，信息支持对农户参与生活垃圾分类行为的系数都显著为正，这说明随着信息支持的增加，农户参与生活垃圾分类行为逐渐上升。模型1 中，信息支持对农户参与生活垃圾分类行为在 1% 的水平上显著为正，回归系数为 0.619，其发生比 OR 值为 1.857，表明信息支持每提升一个单位，农户参与较高程度生活垃圾分类行为的发生比提高 85.7%。类似地，模型 2 中，在加入个人特征因素之后，信息支持对农户参与生活垃圾分类行为在 1% 的水平上显著为正，回归系数为 0.538，其发生比 OR 值为 1.713，表明信息支持每提升一个单位，农户参与较高程度生活垃圾分类行为的发生比提高 71.3%。模型3 中，在加入个人特征因素、家庭特征因素等控制变量之后，信息支持对农户参与生活垃圾分类行为在1%的水平上显著为正，回归系数为0.543，其发生比OR值为1.721，表明信息支持每提升一个单位，农户参与较高程度生活垃圾分类行为的发生比提高72.1%。这体现了政府通过发放宣传手册、举行垃圾分类活动以及上门培训等教育宣传手段在很大程度上能提高农户垃圾分类的知识，进而动摇其不参与垃圾分类的意识。

对于控制变量中的个人基本特征因素影响而言，在表4-2模型3中，性别变量、受教育程度、婚姻状态和是否为党员的回归系数不显著，表明性别变量、受教育程度、婚姻状态和是否为党员这四个因素对于农户参与生活垃圾分类行为影响有限。年龄对农户参与生活垃圾分类行为在1%的水平上显著为负，回归系数为−0.035，其发生比OR值为0.966，表明年龄每增加一个单位，农户参与较高程度生活垃圾分类行为的发生比下降3.43%。这体现了随着年龄的增长，农户参与生活垃圾分类行为逐渐下降，可能的原因在于年龄越大的农户身体状况越差，由于参与生活垃圾分类行为需要步行一段距离，因此，年龄越大的农户越不利于参与生活垃圾分类行为。身体状况对农户参与生活垃圾分类行为在1%的水平上显著为正，回归系数为0.507，其发生比OR值为1.66，表明身体状况每提升一个单位，农户参与较高程度生活垃圾分类行为的发生比提高66%。这体现了身体状况是农户参与生活垃圾分类行为的重要影响因素，政府部门在宣传农户参与生活垃圾分类行为时，应该多关注宣传对象的身体状况。

对于控制变量中的家庭特征因素影响而言，在表4-2模型3中，家庭人口数和到达最近垃圾箱的步行分钟数的回归系数不显著，表明家庭人口数和到达最近垃圾箱的步行距离对于农户参与生活垃圾分类行为影响有限。然而，居住年限对农户参与生活垃圾分类行为在5%的水平上显著为正，回归系数为0.010，其发生比OR值为1.01，表明居住年限每增加一个单位，农户参与较高程度生活垃圾分类行为的发生比提高1%。这体现了居住年限越长的农户，更愿意为自己的长期居住环境的优化做出努力，可能的原因在于随着居住年限的增加，农户对所居住地的归属感逐渐增强。

（2）奖惩措施与农户参与生活垃圾分类行为

表4-3为奖惩措施与农户参与生活垃圾分类行为的基准回归结果。综合

表 4-3 模型 1 至模型 3 结果可知，无论是否加入个人特征因素、家庭特征因素等控制变量，奖惩措施都与农户参与生活垃圾分类行为呈高度显著的正相关关系。这说明随着奖惩措施的增加，农户参与生活垃圾分类行为逐渐上升。模型 1 中，奖惩措施对农户参与生活垃圾分类行为在 1% 的水平上显著为正，回归系数为 0.537，其发生比 OR 值为 1.711，表明奖惩措施每增加一个单位，农户参与较高程度生活垃圾分类行为的发生比提高 71.1%。类似地，模型 2 中，在加入个人特征因素之后，奖惩措施对农户参与生活垃圾分类行为在 1% 的水平上显著为正，回归系数为 0.470，其发生比 OR 值为 1.6，表明奖惩措施每增加一个单位，农户参与较高程度生活垃圾分类行为的发生比提高 60%。模型 3 中，在加入个人特征因素、家庭特征因素等控制变量之后，奖惩措施对农户参与生活垃圾分类行为在 1% 的水平上显著为正，回归系数为 0.467，其发生比 OR 值为 1.595，表明奖惩措施每增加一个单位，农户参与较高程度生活垃圾分类行为的发生比提高 59.5%。这体现了通过出台相关的奖惩措施，可以充分调动农户参与生活垃圾分类的积极性，激发农户参与生活垃圾分类的潜力。

表4-3 奖惩措施与农户参与生活垃圾分类行为的基准回归分析

变量	模型 1	模型 2	模型 3
X_{12}	0.537***	0.470***	0.467***
	（0.054）	（0.054）	（0.054）
sex		0.144	0.100
		（0.139）	（0.141）
age		−0.027***	−0.033***
		（0.006）	（0.008）
edu		0.136	0.134
		（0.095）	（0.095）
mar		0.152	0.202
		（0.194）	（0.199）
partymember		0.178	0.175
		（0.227）	（0.225）

变量	模型 1	模型 2	模型 3
health		0.582***	0.574***
		（0.131）	（0.132）
fmpop			−0.085
			（0.108）
residtime			0.008
			（0.005）
distance			−0.062
			（0.102）
N	884	884	884
r^2_p	0.070	0.128	0.130

对于控制变量中的个人基本特征因素影响而言，在表 4-3 模型 3 中，性别变量、受教育程度、婚姻状态和是否为党员的回归系数不显著，表明性别变量、受教育程度、婚姻状态和是否为党员四个因素对于农户参与生活垃圾分类行为影响有限。年龄对农户参与生活垃圾分类行为在 1% 的水平上显著为负，回归系数为 −0.033，其发生比 OR 值为 0.968，表明年龄每增加一个单位，农户参与较高程度生活垃圾分类行为的发生比下降 3.25%。这体现了随着年龄的增长，农户参与生活垃圾分类行为逐渐下降，可能的原因在于年龄越大的农户身体状况越差，由于参与生活垃圾分类行为需要步行一段距离，因此，年龄越大的农户越不利于参与生活垃圾分类行为。身体状况对农户参与生活垃圾分类行为在 1% 的水平上显著为正，回归系数为 0.574，其发生比 OR 值为 1.775，表明身体状况每提升一个单位，农户参与较高程度生活垃圾分类行为的发生比提高 77.5%。这体现了身体状况是农户参与生活垃圾分类行为的重要影响因素，政府部门在制定农户参与生活垃圾分类行为奖惩措施时，应该注重提出相应的措施提高农户的身体健康状态。

对于控制变量中的家庭特征因素影响而言，在表 4-3 模型 3 中，家庭人口数、居住年限和到达最近垃圾箱的步行分钟数的回归系数不显著，表明家庭人口数、居住年限和到达最近垃圾箱的步行距离对于农户参与生活垃圾分类行为影响有限。

（3）基础设施建设与农户参与生活垃圾分类行为

表4-4为基础设施建设与农户参与生活垃圾分类行为的基准回归结果。综合表4-4模型1至模型3结果可知，无论是否加入个人特征因素、家庭特征因素等控制变量，基础设施建设都与农户参与生活垃圾分类行为呈高度显著的正相关关系。这说明随着基础设施建设的优化，农户参与生活垃圾分类行为逐渐上升。模型1中，基础设施建设对农户参与生活垃圾分类行为在1%的水平上显著为正，回归系数为0.257，其发生比 *OR* 值为1.293，表明基础设施建设每增加一个单位，农户参与较高程度生活垃圾分类行为的发生比提高29.3%。类似地，模型2中，在加入个人特征因素之后，基础设施建设对农户参与生活垃圾分类行为在1%的水平上显著为正，回归系数为0.173，其发生比 *OR* 值为1.189，表明基础设施建设每增加一个单位，农户参与较高程度生活垃圾分类行为的发生比提高18.9%。模型3中，在加入个人特征因素、家庭特征因素等控制变量之后，基础设施建设对农户参与生活垃圾分类行为在1%的水平上显著为正，回归系数为0.159，其发生比 *OR* 值为1.172，表明基础设施建设每增加一个单位，农户参与较高程度生活垃圾分类行为的发生比提高17.2%。这体现了通过提供农村生活垃圾分类所需的基础设施并对相关人员进行专业的技术培训，为农户参与行为提供保障，可以充分调动农户参与生活垃圾分类的积极性。

表4-4 基础设施建设与农户参与生活垃圾分类行为的基准回归分析

变量	模型1	模型2	模型3
X_{13}	0.257***	0.173**	0.159**
	（0.065）	（0.070）	（0.071）
sex		0.184	0.137
		（0.137）	（0.138）
age		−0.030***	−0.037***
		（0.006）	（0.008）

变量	模型 1	模型 2	模型 3
edu		0.083	0.082
		（0.094）	（0.095）
mar		0.085	0.143
		（0.194）	（0.199）
partymember		0.404*	0.404*
		（0.216）	（0.215）
health		0.580***	0.580***
		（0.125）	（0.124）
fmpop			−0.012
			（0.109）
residtime			0.009*
			（0.005）
distance			−0.075
			（0.101）
N	884	884	884
r^2_p	0.012	0.084	0.086

对于控制变量中的个人基本特征因素影响而言，在表 4-4 模型 3 中，性别变量、受教育程度和婚姻状态的回归系数不显著，表明性别变量、受教育程度和婚姻状态这三个因素对于农户参与生活垃圾分类行为影响有限。年龄对农户参与生活垃圾分类行为在 1% 的水平上显著为负，回归系数为 −0.037，其发生比 OR 值为 0.964，表明年龄每增加一个单位，农户参与较高程度生活垃圾分类行为的发生比下降 3.63%。这体现了随着年龄的增长，农户参与生活垃圾分类行为逐渐下降，可能的原因在于年龄越大的农户身体状况越差，由于参与生活垃圾分类行为需要步行一段距离，因此，农户年龄越大，则垃圾分类参与度越低。是否为党员对农户参与生活垃圾分类行为在 10% 的水平上显著为

正，回归系数为 0.404，其发生比 OR 值为 1.498，表明具有党员身份的农户参与较高程度生活垃圾分类行为的发生比提高 49.8%，这体现了党员在乡村治理中发挥模范带头作用，有利于农村规范生活垃圾分类行为，助推农村生活垃圾分类常态化、长效化推进。身体状况对农户参与生活垃圾分类行为在 1% 的水平上显著为正，回归系数为 0.580，其发生比 OR 值为 1.786，表明身体状况每提升一个单位，农户参与较高程度生活垃圾分类行为的发生比提高 78.6%。这体现了身体状况是农户参与生活垃圾分类行为的重要影响因素，政府部门在建设生活垃圾分类基础设施时，应该注重提出相应的措施提高农户的身体健康状态。

对于控制变量中的家庭特征因素影响而言，在表 4-4 模型 3 中，家庭人口数和到达最近垃圾箱的步行分钟数的回归系数不显著，表明家庭人口数和到达最近垃圾箱的步行距离对于农户参与生活垃圾分类行为影响有限。然而，居住年限对农户参与生活垃圾分类行为在 10% 的水平上显著为正，回归系数为 0.009，其发生比 OR 值为 1.009，表明居住年限每增加一个单位，农户参与较高程度生活垃圾分类行为的发生比提高 0.9%。这体现了居住年限越长的农户，更愿意为自己长期居住环境的优化做出努力。

（4）政府支持三个维度的作用大小分析

为了比较政府支持信息支持、奖惩措施和基础设施建设三个维度的作用大小，采用标准差标准化的方法，再放在模型中得出表 4-5 的回归结果。根据表 4-5 模型 2 得出，信息支持和奖惩措施的回归系数分别为 0.485 和 0.407 且在 1% 的水平上显著，基础设施建设的回归系数为 -0.041，但不显著。由此可以得出，政府支持信息支持、奖惩措施和基础设施建设三个维度的作用大小不同，首先作用最大的是信息支持，其次为奖惩措施，最后为基础设施建设。因此，政府在实行农村生活垃圾分类措施时，首先考虑通过多渠道、多媒介手段开展的农村生活垃圾分类的知识宣讲或政策传播，以此增强农户自身环境保护知识及意识，从而达到更好的政策效果。其次，政府通过出台相关垃圾分类的奖励或者惩罚措施激发农户参与生活垃圾分类的潜力。最后，政府为农户提供农村生活垃圾分类所需的基础设施并安排专业的技术培训，提高农户参与意识。

表4-5　政府支持三个维度的作用大小分析

变量	模型 1	模型 2
sdx11	0.535***	0.485***
	（0.096）	（0.099）
sdx12	0.452***	0.407***
	（0.092）	（0.094）
sdx13	0.035	−0.041
	（0.076）	（0.083）
sex		0.136
		（0.144）
age		−0.033***
		（0.008）
edu		0.146
		（0.096）
mar		0.165
		（0.205）
partymember		0.072
		（0.232）
health		0.521***
		（0.139）
fmpop		−0.128
		（0.110）
residtime		0.009*
		（0.005）
distance		−0.041
		（0.104）
N	884	884
r^2_p	0.095	0.148

4.5.3 中介效应分析

（1）环境保护意识、垃圾分类关注与信息支持

为进一步探讨政府支持中的信息支持影响农户参与生活垃圾分类行为的内在作用机理，依据前文模型中判别中介变量的标准程序，检验信息支持影响农户参与生活垃圾分类行为的过程中，环境保护意识和垃圾分类关注是否具有中介效应，采用逐步回归法检验中介机制，控制变量同基准回归一致，回归结果如表4-6所示。

表4-6 环境保护意识、垃圾分类关注在信息支持中的独立中介效应

变量	模型1	模型2	模型3	模型4	模型5
	Y	M_1	M_2	Y	Y
X_{11}	0.543 ***	0.245 ***	0.458 ***	0.518 ***	0.345 ***
	（0.063）	（0.043）	（0.028）	（0.064）	（0.069）
M_1				0.115 **	
				（0.050）	
M_2					0.468 ***
					（0.078）
控制变量	Yes	Yes	Yes	Yes	Yes
N	884	884	884	884	884
r^2		0.177	0.330		
r^2_a		0.168	0.322		
r^2_p	0.135			0.138	0.159

表4-6为环境保护意识、垃圾分类关注在信息支持中的独立中介效应回归结果。表4-6模型1为总效应回归结果。模型2以环境保护意识（M_1）作为被解释变量，信息支持的估计系数为0.245，且在1%的水平上显著，证实了信息支持对环境保护意识有显著提升作用。这表明政府通过垃圾分类等环境保护的宣传活动提高农户的"主动"环保意识，越来越多的个体自愿参与到与环境治理有关的亲环境行为中。模型4以农户参与生活垃圾分类行为作为被解释变量，信息支持的估计系数为从0.543减小到0.518且在1%的水平上显著，环境

保护意识（M_1）的估计系数为 0.115 且在 5% 水平上显著。结合表 4-6 模型 1、模型 2 和模型 4，环境保护意识（M_1）在信息支持对农户参与生活垃圾分类行为的影响中发挥部分中介作用，证实了研究假设 4-2d，即政府通过垃圾分类等环境保护的宣传活动提高农户的"主动"环保意识，论证了"信息支持—环境保护意识—农户参与生活垃圾分类行为"的作用路径。

表 4-6 模型 3 以垃圾分类关注（M_2）作为被解释变量，信息支持的估计系数为 0.458，且在 1% 的水平上显著，证实了信息支持对垃圾分类关注有显著提升作用。这表明政府通过垃圾分类等环境保护的宣传活动使农户在活动中会在一定程度上提高自己对垃圾分类等环境保护活动的关注。模型 5 以农户参与生活垃圾分类行为作为被解释变量，信息支持的估计系数为从 0.543 减小到 0.345 且在 1% 的水平上显著，垃圾分类关注（M_2）的估计系数为 0.468 且在 1% 水平上显著。结合表 4-6 模型 1、模型 3 和模型 5，垃圾分类关注（M_2）在影响农户参与生活垃圾分类行为中发挥部分中介作用，证实了研究假设 4-2g，即政府通过垃圾分类等环境保护的宣传活动提高农户对垃圾分类的关注且农户对垃圾分类的关注对其最终是否选择垃圾分类实践行为有正向影响，论证了"信息支持—垃圾分类关注—农户参与生活垃圾分类行为"的作用路径。

进一步地，表 4-7 为环境保护意识、垃圾分类关注在信息支持中的链式中介效应回归结果。表 4-7 模型 1 表示信息支持对农户参与生活垃圾分类行为的总效应。模型 3 中，环境保护意识（M_1）对垃圾分类关注（M_2）的回归系数为 0.047，且在 5% 的水平上显著，表明环境保护意识（M_1）和垃圾分类关注（M_2）的链式间接效应显著；与模型 1 中信息支持的回归系数相比，模型 4 中信息支持的回归系数符号相同，且在 1% 的水平上显著，表明环境保护意识（M_1）和垃圾分类关注（M_2）承担了部分中介作用，与表 4-7 的分析结论一致，论证了"信息支持—环境保护意识—垃圾分类关注—农户参与生活垃圾分类行为"的作用路径，证实了研究假设 4-2j。政府所做的垃圾分类宣传会对农户环境保护意识有促进作用，环保意识的提高又进一步影响农户关注垃圾分类相关活动，最终促进生活垃圾分类的决策行为。

表4-7 环境保护意识、垃圾分类关注在信息支持中的链式中介效应

变量	模型1	模型2	模型3	模型4
	Y	M_1	M_2	Y
X_{11}	0.543***	0.245***	0.447***	0.327***
	（0.063）	（0.043）	（0.028）	（0.070）
M_1			0.047**	0.098**
			（0.020）	（0.047）
M_2				0.460***
				（0.078）
控制变量	Yes	Yes	Yes	Yes
N	884	884	884	884
r^2		0.177	0.334	
r^2_a		0.168	0.326	
r^2_p	0.135			0.161

（2）环境保护意识、垃圾分类关注与奖惩措施

表4-8为环境保护意识、垃圾分类关注在奖惩措施中的独立中介效应回归结果。表4-8模型1为总效应回归结果。模型2以环境保护意识（M_1）作为被解释变量，奖惩措施的估计系数为0.134，且在1%的水平上显著，证实了奖惩措施对环境保护意识有显著提升作用。这表明政府通过垃圾分类等相关奖惩制度的出台强制性地提高农户"被动"的环境保护意识，越来越多的农户或主动或被动地提高了环境保护意识。模型4以农户参与生活垃圾分类行为作为被解释变量，奖惩措施的估计系数为从0.467减小到0.448且在1%的水平上显著，环境保护意识（M_1）的估计系数为0.146且在1%水平上显著。结合表4-8模型1、模型2和模型4，环境保护意识（M_1）在奖惩措施对农户参与生活垃圾分类行为的影响中发挥部分中介作用，证实了研究假设4-2e，即政府通过垃圾分类等相关奖惩制度的出台强制性地提高农户"被动"的环境保护意识，论证了"奖惩措施—环境保护意识—农户参与生活垃圾分类行为"的作用路径。

表4-8 环境保护意识、垃圾分类关注在奖惩措施中的独立中介效应

变量	模型 1	模型 2	模型 3	模型 4	模型 5
	Y	M_1	M_2	Y	Y
X_{12}	0.467 ***	0.134 ***	0.354 ***	0.448 ***	0.302 ***
	（0.054）	（0.041）	（0.025）	（0.054）	（0.063）
M_1				0.146 ***	
				（0.052）	
M_2					0.498 ***
					（0.081）
控制变量	Yes	Yes	Yes	Yes	Yes
N	884	884	884	884	884
r^2		0.158	0.266		
r^2_a		0.148	0.257		
r^2_p	0.130			0.136	0.159

表 4-8 模型 3 以垃圾分类关注（M_2）作为被解释变量，奖惩措施的估计系数为 0.354，且在 1% 的水平上显著，证实了奖惩措施对垃圾分类关注有显著提升作用。这表明政府出台的关于垃圾分类的奖惩制度也会被动地提升农户对垃圾分类的关注度。模型 5 以农户参与生活垃圾分类行为作为被解释变量，奖惩措施的估计系数从 0.467 减小到 0.302 且在 1% 的水平上显著，垃圾分类关注（M_2）的估计系数为 0.498 且在 1% 水平上显著。结合表 4-8 模型 1 列、模型 3 和模型 5，垃圾分类关注（M_2）在奖惩措施对农户参与生活垃圾分类行为的影响中发挥部分中介作用，证实了研究假设 4-2h，即政府通过垃圾分类等相关奖惩制度的出台强制性提高农户对垃圾分类的关注且农户对垃圾分类的关注对其最终是否选择垃圾分类实践行为有正向影响，论证了"奖惩措施—垃圾分类关注—农户参与生活垃圾分类行为"的作用路径。

进一步地，表 4-9 为环境保护意识、垃圾分类关注在奖惩措施中的链式中介效应回归结果。表 4-9 模型 1 表示奖惩措施对农户参与生活垃圾分类行为的总效应。模型 3 中，环境保护意识（M_1）对垃圾分类关注（M_2）的回归系数为 0.078，且在 1% 的水平上显著，表明环境保护意识（M_1）和垃圾分类关注

（M_2）的链式间接效应显著；与模型 1 中奖惩措施的回归系数相比，模型 4 中奖惩措施的回归系数符号相同且都在 1% 的水平上显著，但是系数更小，表明环境保护意识（M_1）和垃圾分类关注（M_2）承担了部分中介作用，与表 4-9 的分析结论一致，论证了"奖惩措施—环境保护意识—垃圾分类关注—农户参与生活垃圾分类行为"的作用路径，证实了研究假设 4-2k。政府制定的有关垃圾分类的奖惩制度会对农户的环境保护意识有促进作用，环境保护意识的提高进而会影响农户对垃圾分类活动的关注度选择，最终促进对垃圾分类实践行为决策。

表4-9　环境保护意识、垃圾分类关注在奖惩措施中的链式中介效应

变量	模型 1	模型 2	模型 3	模型 4
	Y	M_1	M_2	Y
X_{12}	0.467 ***	0.134 ***	0.344 ***	0.294 ***
	（0.054）	（0.041）	（0.025）	（0.062）
M_1			0.078 ***	0.116 **
			（0.023）	（0.048）
M_2				0.480 ***
				（0.081）
控制变量	Yes	Yes	Yes	Yes
N	884	884	884	884
r^2		0.158	0.278	
r^2_a		0.148	0.269	
r^2_p	0.130			0.162

（3）环境保护意识、垃圾分类关注与基础设施建设

表 4-10 为环境保护意识、垃圾分类关注在基础设施建设中的独立中介效应回归结果。表 4-10 模型 1 为总效应回归结果。模型 2 以环境保护意识（M_1）作为被解释变量，基础设施建设的估计系数为 0.112，且在 5% 的水平上显著，证实了基础设施建设对环境保护意识有显著提升作用。这表明政府通过垃圾分类基础设施建设等为农户营造良好的环境保护氛围，越来越多的农户提高了环境保护意识。模型 4 以农户参与生活垃圾分类行为作为被解释变量，

基础设施建设的估计系数为从 0.159 减小到 0.143 且在 5% 的水平上显著，环境保护意识（M_1）的估计系数为 0.175 且在 1% 水平上显著。结合表 4-10 模型 1、模型 2 和模型 4，环境保护意识（M_1）在基础设施建设对农户参与生活垃圾分类行为的影响中发挥部分中介作用，证实了研究假设 4-2f，即政府通过垃圾分类基础设施建设等为农户营造良好的环境保护氛围，提高了农户环境保护意识，论证了"基础设施建设—环境保护意识—农户参与生活垃圾分类行为"的作用路径。

表4-10　环境保护意识、垃圾分类关注在基础设施建设中的独立中介效应

变量	模型 1	模型 2	模型 3	模型 4	模型 5
	Y	M_1	M_2	Y	Y
X_{13}	0.159 **	0.112 **	0.129 ***	0.143 **	0.087
	（0.071）	（0.049）	（0.035）	（0.071）	（0.070）
M_1				0.175 ***	
				（0.050）	
M_2					0.639 ***
					（0.071）
控制变量	Yes	Yes	Yes	Yes	Yes
N	884	884	884	884	884
r^2		0.152	0.106		
r^2_a		0.143	0.096		
r^2_p	0.086			0.095	0.144

表 4-10 模型 3 以垃圾分类关注（M_2）作为被解释变量，基础设施建设的估计系数为 0.129，且在 1% 的水平上显著，证实了基础设施建设对垃圾分类关注有显著提升作用。这表明政府对垃圾分类基础设施的建设情况会引起农户对生活垃圾分类的关注，进而促进农户进行垃圾分类。模型 5 以农户参与生活垃圾分类行为作为被解释变量，基础设施建设的估计系数为从 0.159 减小到 0.087 且不显著，垃圾分类关注（M_2）的估计系数为 0.639 且在 1% 水平上显著。结合表 4-10 模型 1、模型 3 和模型 5，垃圾分类关注（M_2）在基础设施

建设对农户参与生活垃圾分类行为的影响中发挥完全中介作用，证实了研究假设 4-2i，政府对垃圾分类基础设施的建设情况会引起农户对生活垃圾分类的关注，且农户对垃圾分类的关注最终对其选择垃圾分类实践行为有正向影响，论证了"基础设施建设—垃圾分类关注—农户参与生活垃圾分类行为"的作用路径。

进一步地，表 4-11 为环境保护意识、垃圾分类关注在基础设施建设中的链式中介效应回归结果。表 4-11 模型 1 表示基础设施建设对农户参与生活垃圾分类行为的总效应。模型 3 中，环境保护意识（M_1）对垃圾分类关注（M_2）的回归系数为 0.105，且在 1% 的水平上显著，表明环境保护意识（M_1）和垃圾分类关注（M_2）的链式间接效应显著；与模型 1 中基础设施建设的回归系数相比，模型 4 中基础设施建设的回归系数符号相同但是不显著，表明环境保护意识（M_1）和垃圾分类关注（M_2）承担了完全中介作用，与表 4-11 的分析结论一致，论证了"基础设施建设—环境保护意识—垃圾分类关注—农户参与生活垃圾分类行为"的作用路径，证实了研究假设 4-21。政府对于垃圾分类基础设施的建设情况，在一定程度上为农户营造了"环境保护，人人参与"的浓厚氛围，对其环境保护意识的提高起"润滑剂"的作用，长期持续良好的垃圾分类的浓厚氛围会潜移默化地影响农户对垃圾分类的关注，进而转变其垃圾分类行为。

表4-11　环境保护意识、垃圾分类关注在基础设施建设中的链式中介效应

变量	模型 1	模型 2	模型 3	模型 4
	Y	M_1	M_2	Y
X_{13}	0.159**	0.112**	0.117***	0.077
	（0.071）	（0.049）	（0.035）	（0.070）
M_1			0.105***	0.122***
			（0.024）	（0.047）
M_2				0.617***
				（0.071）
控制变量	Yes	Yes	Yes	Yes

续表

变量	模型 1	模型 2	模型 3	模型 4
N	884	884	884	884
r^2		0.152	0.128	
r^2_a		0.143	0.117	
r^2_p	0.086			0.148

4.5.4　组内交互效应分析

考虑到政府在引导农户进行生活垃圾分类时，可能不止实行一种措施，大多时候为多种措施同时实行，因此将政府支持的三个维度两两进行交互分析。表 4-12 为政府支持的信息支持、奖惩措施与基础设施建设三个维度组内交互的回归结果。由表 4-12 模型 1 可知，信息支持（X_{11}）与奖惩措施（X_{12}）的交互项系数不显著，这表明在政府信息支持（X_{11}）的基础上每增加一单位奖惩措施（X_{12}）对农户参与更高程度的垃圾分类行为的发生比没有显著影响。由表 4-12 模型 2 可知，信息支持（X_{11}）与基础设施建设（X_{13}）的交互项系数为 0.121 且在 5% 的水平上显著，这表明在政府信息支持（X_{11}）的基础上每增加一单位基础设施建设（X_{13}）对农户参与更高程度垃圾分类行为的发生比提高 12.9%，因此，同时实行这两种措施对农户参与更高程度的垃圾分类行为有明显的促进作用。由表 4-12 模型 3 可知，奖惩措施（X_{12}）与基础设施建设（X_{13}）的交互项系数为 0.137 且在 1% 的水平上显著，这表明在政府奖惩措施（X_{12}）的基础上，每增加一单位基础设施建设（X_{13}）对农户参与更高程度生活垃圾分类行为的发生比提高 14.7%。同时实行这两种措施对农户参与更高程度的生活垃圾分类行为有明显的促进作用。由表 4-12 模型 2、模型 3 可知，基础设施建设在农户参与生活垃圾分类行为过程中发挥基础性作用。若政府未提供完善的垃圾分类基础设施，农户会因投放不便而影响其参与的积极性。不仅是垃圾分类硬件实施的不完善，在投放、收运、转运以及处置等环节方便的管理方面等软件设施的缺失也会影响作为公共物品供给主体的政府作用的发挥。

表4-12 信息支持、奖惩措施与基础设施建设的组内交互分析

变量	模型1	模型2	模型3
X_{11}	0.425 ***	0.169	
	（0.088）	（0.185）	
X_{12}	0.509 **		0.008
	（0.216）		（0.173）
$X_{11}*X_{12}$	−0.052		
	（0.048）		
X_{13}		−0.415**	−0.122
		（0.192）	（0.085）
$X_{11}*X_{13}$		0.121 **	
		（0.055）	
$X_{12}*X_{13}$			0.137 ***
			（0.048）
控制变量	Yes	Yes	Yes
N	884	884	884
r^2_p	0.149	0.139	0.137

4.6 本章小结

在经济快速发展、人民生活水平大幅提高以及城乡一体化背景下，农村生活垃圾产生量也在急剧增加，为了回答政府支持和外部环境是否会对农户参与农村生活垃圾分类起协同作用这一问题，本章把农户参与生活垃圾分类行为按照严格分类、简单分类、不分类3类进行测度，并且结合贵州省农村地区农户的分类行为的实地调研数据，考察了规制政策和社会资本对农村生活垃圾分类的影响。结果显示：①政府信息支持、奖惩措施以及基础设施建设都将正向影响农户参与生活垃圾分类的行为，调动农户参与生活垃圾分类的积极性，激发农户参与生活垃圾分类的潜力。②环境保护意识在政府支持影响农户参与生活垃圾分类行为中起中介作用。③垃圾分类关注在政府支持影响农户参与垃圾分类活动中发挥中介作用。具体而言，一方面，农户关注并参与政府组织的垃圾

分类宣传等活动，能够在一定程度上提升自己对垃圾分类等环境保护活动参与的决策行为，且农户对垃圾分类的关注对其最终是否进行垃圾分类实践行为有正负向的影响；另一方面，政府出台的关于垃圾分类的奖惩制度也会反向地提高农户对垃圾分类的关注度，进而影响其参与垃圾分类的行为决策。④环境保护意识和垃圾分类关注在政府支持影响农户参与农村生活垃圾分类中发挥链式中介作用。

　　本章的研究结论对中国农村环境管理转型推进中的政策设计具有重要的启示作用。虽然近年来我国对环境卫生问题越来越关注，相关环境管理法律法规体系趋于成熟，但政策机制在具体设计和实施过程中仍存在问题，需要不断优化完善。本章通过建立相关数据模型证实政府支持与农户垃圾分类治理的正向关系，对于如何让优化政策支持提出以下建议：政府应采取综合措施，包括信息支持、奖惩措施和基础设施建设，以促进农户参与生活垃圾分类行为。这些措施之间的交互作用对提升农户的垃圾分类行为具有显著影响。同时，政府应重视基础设施建设的完善，以提供便利的垃圾分类条件，激发农户的参与热情。

第5章　生活垃圾分类治理的农户参与：社会资本

5.1　理论框架

众所周知，生活垃圾污染治理已经逐渐成为全球性的治理难题。为了有效地治理垃圾问题，中国近年来一直在积极探索垃圾分类治理路径。在经济相对发达的地区，如北京、上海、广州等城市率先开展分类试点工作，逐渐向经济欠发达的西南地区展开试点。目前虽已探索出区域性的治理模式，但整体上尚未形成系统的治理体系。究其原因，无论是制度、社会、农户自身各自单一的层面，还是协同治理层面所发挥的作用都未得到充分挖掘，导致中国生活垃圾分类治理效果与发达国家相比仍存在较大差距。

基于国内外研究现状可知，从个人层面来说，环境保护意识的欠缺、相关垃圾分类知识的不足以及分类意识的缺乏所导致的居民生活垃圾传统混合收集习惯是目前生活垃圾分类治理效果不佳的重要原因之一。而环境保护意识、垃圾分类意识的提高作为居民自我持续改善行为，不仅需要政府和社会组织等的投入，还与所在地社会资本的发展情况密切相关。社会资本作为以一定群体或组织的共同利益为目的、通过人际互动形成的社会关系网络，有助于打破生态环境保护中的囚徒困境，通过社会凝聚、社会信任和非正式规则影响社会治理绩效。通过社会资本培育、激发环境保护的集体行动逻辑，已经成为环境治理政策研究的一种重要思维理念。

本书参照普特南等提出的社会资本的概念，即社会资本包括社会网络、社会规范和信任，是实现集体合作行为的核心与基础。核心要素之一的社会网络作为社会资本的载体，一方面，将国家出台的垃圾分类相关政策文件、制定的垃圾分类各种规范以及各种环保宣传信息传播给社会网络结构中的居民，并通过促进信息流通和个体间互动影响居民参与生活垃圾分类意向及行为，从而在一定程度上降低由于信息匮乏而导致居民缺乏行为指导后产生的不遵守行为；另一方面，通过在社会网络中传递积极参与的意愿及行为而激励行为人的正向参与行为，从而降低行为人集体行动中的"搭便车"现象。核心要素之二的社会规范作为社会资本的基础，通过形成正式的和非正式的制度、准则或村规民约和习俗惯例以及社会归属感、社会认同等，规定了居民生活垃圾分类的行为，有助于约束居民的个人行为，增强其对集体行动的信息，进而促进集体合作的协同力量。核心要素之三的社会信任可以看作集体行动的"调节剂"，是行为人评估其他行为人采取垃圾分类行为的主观意愿及概率的基础，从而评估自己参与垃圾分类行为的成本，进而影响其参与垃圾分类的行为。在农村生活垃圾分类研究问题上，本书在借鉴以往研究成果的基础上，基于规范激活理论，鉴于社会资本在促进居民参与垃圾分类集体行动中的作用，结合贵州省农村地区 884 份实地调研数据，实证研究社会资本对农户生活垃圾分类行为的影响和作用机理，以期为政府制定与实施垃圾分类新政策提供参考依据。具体影响机理如图 5-1 所示。

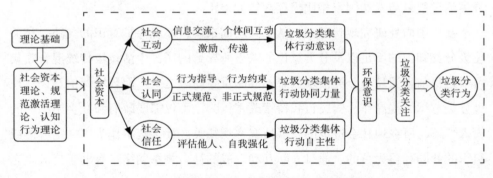

图5-1　社会资本影响农户参与行为理论框架

5.2　研究假设

5.2.1　社会资本与生活垃圾分类行为的研究假设

社会资本理论认为社会结构是一种资本，可以作为投入要素有效融入经济学的分析框架，从而使社会资本的解释力不局限于思辨性的理论分析，有效弥补更严谨的社会科学知识，该理论目前已得到学术界的认可。研究者发现，社会结构由类似属性的个体通过血缘、地缘、亲缘等方式结合而成，通过社会群体的互动交流、互惠信任、规范约束来降低群体中的冲突，减少因冲突带来的资源浪费，从而实现各利益相关者的共同合作问题，突破个体理性与社会理性的两难困境。农村生活垃圾分类治理的农户参与行为是利于社会的合作环保行为，其参与治理的成本（时间、精力）需要自己承担。基于理性人假设，个体在实施行为时会倾向于"搭便车"，陷入集体行动困境。社会资本被认为是有效激励个体积极参与合作，避免集体行动困境出现的重要因素。信任、规范及准则等可以通过信任互惠、信息传播、规范约束和关系网络等调动农户参与的积极性，提高环境治理集体行动成功的概率，塑造个体的意愿及行为。对于在农村生产生活中受经济及体制约束限制的农户而言，社会资本不再仅仅是维持社会运转以及进行利益协调的非正式制度，而是更重要的逐渐成为信息分享与资源配置的一种替代机制。个体在进行决策时会受到信息非对称性及个体道德风险的影响，这主要是由于决策环境中信任及规范的缺失导致的。社会资本可以消减个体决策的不确定性，通过信任互惠、信息传播、规范约束和关系网络等调动农户积极性，增强农户参与源头分类偏好。目前，学术界普遍认为，社会资本中的网络、信任以及规范等要素可以有效抑制人们在公共环境治理中的机会主义，为人们实现合作创造条件。根据以上文献分析，结合本书的研究目的，笔者从社会互动、社会认同和社会信任三个维度提出以下研究假说：

5-2-1 a 社会互动显著正向影响农户生活垃圾分类参与行为

5-2-1 b 社会认同显著正向影响农户生活垃圾分类参与行为

5-2-1 c 社会信任显著正向影响农户生活垃圾分类参与行为

5.2.2 环境保护意识的中介变量研究假设

在环境心理学中，环境认知是个体适应环境、作用环境的心理基础，个体通过识别环境在头脑中形成的印象影响个体作用环境的方式。王翊嘉等通过调查发现环境认知对农户生活垃圾分类行为产生重要影响。垃圾分类行为背后有环境认知作为基础，从而进行不同程度的垃圾分类行为。

环境污染驱动假说认为环境污染严重会唤醒公众的环保意识，促使其采取行动来保护环境，两者之间存在正相关关系。生活垃圾污染感知是农户对生活垃圾产生的环境问题的评价与判断，农户根据自己的知识对农村生活垃圾随处堆放，不分类所产生的环境问题进行判断，评价其带来的后果，进而决策是否实施环保行为。如果农户认为生活垃圾随意堆放产生的污染比较严重，而垃圾分类投放等环保行为可以减少环境污染，农户就更愿意进行分类投放，因此，农户的生活垃圾污染感知会对其分类水平产生一定影响。

综上分析，本书中从农户个体层面出发，研究农户环境保护意识在社会支持对农户垃圾分类行为中的中介作用。环境保护作为自我持续的改善行为，不仅需要政府和非政府组织的投入，而且与当地社会资本发展密切关联，社会资本通过鼓励居民环境态度的变化，进而促进其环境保护合作行为。社会资本理论认为在以亲缘、血缘和地缘相结合的农村社会中，村庄规范、共同准则、村民互惠以及情感信任等"集体层面"因素不仅影响农户的认知及行为，而且增强农户生产生活中的信任程度，减少冲突，从而有效实现集体合作。具体而言，人们在日常生活中与乡亲邻里、亲朋好友之间的社会交往活动形成的广泛社会网络，可以增进农户间的熟知程度，降低保护环境的不确定性，进而有助于农户进行垃圾分类的行为决策。社会信任在一定程度上决定了农户是否愿意信任他人或依靠他人的建议进行环境保护并做出垃圾分类行为选择。而农户在实施决策行为时要考虑个体理性，以及自己所在的村庄是否值得自己去进行环境保护，进而采取符合社区价值认同体系的垃圾分类行为。基于此，笔者提出如下假说：

5-2-2 a 农户环保意识在社会互动影响农户参与生活垃圾分类行为中具有中介作用

5-2-2 b 农户环保意识在社会认同影响农户参与生活垃圾分类行为中具有中介作用

5-2-2 c 农户环保意识在社会信任影响农户参与生活垃圾分类行为中具有中介作用

5.2.3　垃圾分类关注中介变量的研究假设

"关注"是一种认知过程，是个体在众多刺激中有针对性地识别一部分刺激的过程。关于注意力的理论基础就是心理学家讨论当个体在面临多种刺激时如何选择和反应，也因此产生了各种理论流派。大体上存在注意力选择理论和注意力分配理论。本书将基于注意力选择理论对该章内容进行论述。从行为学出发，在信息时代，人的关注度往往是有限的。在人类对信息只能有限关注的前提下，那些能够在一定时期内吸引人类关注的问题往往会得到优先解决。因为人的有限关注性，要引起人对其生活中某类问题的关注，除自身主动的关注外，还需要政府和社会资本等外部环境的引导，关注的问题才能得以解决。本书认为，垃圾分类关注在社会资本影响农户参与生活垃圾分类中起中介作用。具体而言，从主动关注方面来说，农户在频繁的社会交往及互动中，参与的垃圾分类讨论会在一定程度上引起自身的有限关注，长时间持续的关注会在不同阶段对其行为决策产生影响，进而做出垃圾分类决策。从被动参与方面来说，村庄归属感被认为是一种维系农村居民情感和农村居民社会关系的桥梁与纽带。后来，相关研究人员将其定义延伸到包含人的感觉和感情。Humon 将村庄归属感定义为对村庄环境的主观看法以及对村庄生态环境的情绪感知。因此，在本书中，归属感强的农户会自觉主动地参与到村委会组织的垃圾分类等各种环境保护活动中，会积极与其他归属感强的村民一起进行垃圾分类等讨论，注意力会在一定程度上选择关注垃圾分类活动，进而做出垃圾分类决策。此外，农户对制度和人际的信任会在一定程度上决定其是否会讨论及参与垃圾分类等环境保护活动，进而做出有限关注，最终作出垃圾分类决策。基于此，本书提出以下假设：

5-2-3 a 农户垃圾分类关注在社会互动影响农户参与生活垃圾分类行为中发挥中介作用

5-2-3 b 农户垃圾分类关注在社会认同影响农户参与生活垃圾分类行为中发挥中介作用

5-2-3 c 农户垃圾分类关注在社会信任影响农户参与生活垃圾分类行为中发挥中介作用

5.2.4　链式中介效应研究假设

计划行为理论突出行为意向的重要性，劳可夫、吴佳认为个体主观态度、行为规范及对行为的自身控制能力三个因素会作用于个体的行为意向。赵新民等认为个体对其实际行为意向越强，产生实际行为的可能性越大，而且，当其实际行为符合个体主观行为规范，且个体有能力实行时，个体的行为意向便会增强，进而发生实际行为。主观规范反映农村居民进行生活垃圾分类治理时感知到的社会压力，聂峥嵘等认为农村居民生活垃圾分类治理行为受其家人、朋友和邻居的影响，如果周围人都积极进行生活垃圾治理并对周围人产生监督作用，会提升居民自身生活垃圾分类治理的意愿；农村居民的环境保护意识是居民对生活垃圾治理的某些特定行为措施的喜爱或者不喜爱程度，喜爱或者不喜爱在一定程度上决定其是否会关注垃圾分类行为，进而做出垃圾分类行为决策。因此，意识是影响农户参与生活垃圾分类的关键变量，而垃圾分类关注则是意识与行为之间的重要中介变量。具体而言，意识是农村居民垃圾分类行为的关键影响变量，进一步影响农户垃圾分类的关注，关注垃圾分类这一特定行为所预期的困难，进而做出是否进行垃圾分类行为的决策。首先，社会互动会影响农户对生活垃圾分类的主观规范，即可能会感受到周围邻居对其不分类行为带来压力，进而影响其对垃圾分类的关注。本书认为，在社会互动中，通过农户间相互讨论垃圾分类事宜及参与垃圾分类相关活动，提高其环境保护意识，引起其对垃圾分类的关注，进而促使其实施垃圾分类行为。其次，社会认同理论认为，个人会自动对人进行分类并识别自己所属的群体，以所属群体身份定义自我。人们对身份、群体归属的认同会对主体行为产生影响。高群体认同度也会促使个体行为动机从以个体层面为主转移到以集体层面为主，增加个体与群体内成员合作的可能性，并且以群体利益作为自己的行为动机。农户的群体认同是指农户对村集体的归属感以及对其在村集体中的身份、村域文化和价值观的认同。农户对村集体的认同度越高，就越会关注村庄的发展，也越会积极参与农村环境治理、生活垃圾分类等村集体行动。最后，社会信任是农户评断亲朋邻里将来要采取某一行动的主观概率，这种评判会对农户是否愿意信任他人或依靠他人的建议进行决策产生影响。一般包括制度信任和人际信任：基于"非人际"关系的制度信任缘于社会现象，主要表现为对当地政府、村干部以及本村生活垃圾治理相关制度的信任程度，由此形成的软约束机制不但对农村社会秩序产生规制，而且可以有效抑制农户的"搭便车"行为；缘于人际互动过程中的人际信任主要表现为农户对家人、亲戚、朋友以及邻居的信任程度，这决定了农户是否愿意信任亲朋邻里的建议。制度信任和人际信任都在一定层面影响农户的环境保护意识，如村规民约中关于环境保护等的规定以及相互信任的人际交往中谈论的有关环境保护话题都会对农户个体层面产生一定的影响，进而引起农户对垃圾分类等环境保护活动的关注，最终选择垃圾分类的行为。基于以上理论分析，本书提出以下假设：

5-2-4 a 农户环保意识和垃圾分类关注在社会互动影响农户参与生活垃圾分类行为中发挥链式中介作用

5-2-4 b 农户环保意识和垃圾分类关注在社会认同影响农户参与生活垃圾分类行为中发挥链式中介作用

5-2-4 c 农户环保意识和垃圾分类关注在社会信任影响农户参与生活垃圾分类行为中发挥链式中介作用

5.3　变量选取及指标体系构建

本书研究政府支持与社会资本对农户参与生活垃圾分类行为的影响，社会资本作为和政府支持两个单一维度的核心解释变量，被解释变量、中介变量及控制变量的设置与上节内容一致。基于第 2 章的分析，本章重点从社会互动、社会认同、社会信任三个社会资本维度出发，对各维度核心变量进行阐释及测度，并构建社会资本影响农户参与农村生活垃圾分类行为的相关模型。

根据本书第 2 章对社会资本的相关理论阐释，从社会互动、社会认同、社会信任三个维度对社会资本进行度量。众所周知，长期的城乡二元体制加之农村地区地形地貌及资源禀赋的不同，相较城市而言，农村地区更多的是一种熟人社会圈层。大量研究表明，社会资本被认为是有效激励个体参与并形成集体行为的重要因素。

社会网络是个体之间因交往互动而形成的比较稳定的社会体系，强调社会个体间的互动与联系。在关系本位的中国，特别是乡土社会，社会资本广泛存在于人与人之间。在本研究中，农户在其日常生活中与乡亲邻居、亲朋好友进行的社会交往活动，也是在进行垃圾分类相关信息传播及共享的过程。互动频次在一定程度上决定了信息的共享率，进而影响农户的垃圾分类行为。因此，本书借鉴相关学者的研究成果，采用"您到邻居家串门的次数""您家里有客人来访的次数""您和乡亲们一起玩乐的次数"三个具体问题来测度农户的社会互动。

社会规范是指调整人与人之间社会关系的行为规范，是在人们共同的生产生活活动中长期积淀形成的关于强制性、允许性或禁止性等行为的共同价值体系。社会规范可分为成文的规范和不成文的规范两类。风俗习惯、部分道德规范及部分法律规范、宗教规范属于不成文规范；法令、条例、规章和大部分法律、重要的教规属于成文规范。风俗、道德、法律、宗教等是社会规范的具体形式。在本书中，农户在是否参与垃圾分类这一行为决策时，其不仅要考虑个体理性，还要考虑社区道德规范等行为准则，进而决定是否采取符合社区价值认同体系的行为，以此获得当地的社会认同，进而获取自身声望。

社会认同是指个体认识到他属于特定的社会群体，同时也认识到作为群体成员带给他的情感和价值意义，是社会成员共同拥有的信仰、价值和行动取向的集中体现。社会认同本质上是一种集体观念，与利益联系相比，注重归属感的社会认同更具稳定性。因此，本书从社会认同维度出发探讨其对农户参与生活垃圾分类行为的影响。主要通过询问"如果大部分邻居及其他居民/村民实施垃圾分类，我会跟随他们""我在本村生活很有安全感""作为本村村民我感到光荣""如果我的家人、亲戚希望我进行垃圾分类，我会更愿意"四个具体问题来测度农户的社会认同。

社会信任在一定程度上决定了农户是否愿意信任他人或依靠他人的建议进行决策。农户参与生活垃圾分类治理时，社会信任会增加农户间的互惠，使其获得更高的社会声誉，社会信任一般包括人际信任和制度信任两方面。因此，本书采用"您对村干部是否信任？""您对当地政府的信任程度？""您对村里相关制度的合理性是否信任？""您对垃圾分类相关政策是否信任？"来测量农户的社会制度信任。通过询问"您对其他村民对您说的事是否信任？""您对朋友是否信任？""您对亲戚是否信任？""您对村民遵守垃圾分类情况的信任程度？"来测度农户的人际信任。

需要特别说明的是，考虑到社会资本构成因素是通过多个相互关联的题项度量的，因此在对各题项得分标准化处理后，基于因子载荷矩阵分析，本书抽取了3个公因子，即社会互动、社会认同和社会信任，在利用主成分分析对社会资本度量题项进行降维处理后，获得了加总的社会资本变量。

5.4 模型构建

5.4.1 有序多分类 logistics 模型

目前，贵州省农村地区尚未形成统一的生活垃圾分类标准。参照《贵阳市城镇生活垃圾分类管理条例》中依据国家标准将生活垃圾分为可回收垃圾、有害垃圾、厨余垃圾和其他垃圾的标准分类。本书在预调研的基础上，根据村民的垃圾处置习惯，将其垃圾分类行为分为三类，即严格分类、简单分类、不分类如表 5-1 所示。

表5-1 农户生活垃圾分类行为

问题	生活垃圾分类行为
您对生活垃圾的处理方法一般是	1. 严格分类，按照标准四大类进行分类
	2. 简单分类，将有经济价值的（能卖钱）的垃圾进行分类，其他的混合处理
	3. 不分类，全部混合处理

由此可见，农户生活垃圾分类行为具有明显的层次性，因此本书采用 Ordered 多分类 logistics 模型来进行分析。其模型定义如下：

$$y^* = a + \sum_{k=1}^{k} \beta_k x_k + \varepsilon \qquad (5-1)$$

其中，y^* 表示事件的内在趋势，不能被直接观测；ε 为随机扰动项。本书中农户垃圾分类行为有 3 种水平，相应取值为 $y = 1$，表示不分类，$y = 2$ 表示简单分类，$y = 3$ 表示严格分类。那么共有 2 个分界点（cutpoint）μ_j 将各相邻水平分开，即：如果 $y^* \leq \mu_1$，则 $y = 1$；如果 $\mu_1 < y^* \leq \mu_2$，则 $y = 2$；如果 $\mu_2 < y^* \leq \mu_2$，则 $y = 3$；给定值的累计概率可以表示如下：

$$p(y \leq j | x) = P(y^* \leq \mu_j) = P\left[\varepsilon \leq \mu_j - (a + \sum_{k=1}^{k} \beta_k x_k) \right] \qquad (5-2)$$

假设 ε 为 logistic 分布，通过自然对数转换，则可以得到 Ordered Logit 回归模型的线性表达式：

$$\ln\left[\frac{p(y\leq j|x)}{1-p(y\leq j|x)}\right]=\mu_j-a+\sum_{k=1}^{k}\beta_k x_k \qquad (5-3)$$

其中，α 为常数项，表示影响居民生活垃圾分类行为的第 k 个因素（$k=1$，2，$\cdots$，n），β_k 为第 k 个因素的回归系数。

5.4.2 链式中介模型

基于 5.2.2 对链式中介模型的介绍，本章中，因变量 Y 为农户参与生活垃圾分类行为，X_2 代表社会资本，其中 X_{21} 代表社会资本的社会互动维度变量，X_{22} 代表社会资本的社会认同维度变量，X_{23} 代表社会资本的社会信任维度变量；M_1 代表环境保护意识，M_2 代表垃圾分类关注。因此，在本章的链式多重中介效应中，各维度变量对应的路径如下：

①社会互动—环境保护意识—垃圾分类行为（简单中介）

②社会认同—环境保护意识—垃圾分类行为（简单中介）

③社会信任—环境保护意识—垃圾分类行为（简单中介）

④社会互动—垃圾分类关注—垃圾分类行为（简单中介）

⑤社会认同—垃圾分类关注—垃圾分类行为（简单中介）

⑥社会信任—垃圾分类关注—垃圾分类行为（简单中介）

⑦社会互动—环境保护意识—垃圾分类关注—垃圾分类行为（链式中介）

⑧社会认同—环境保护意识—垃圾分类关注—垃圾分类行为（链式中介）

⑨社会信任—环境保护意识—垃圾分类关注—垃圾分类行为（链式中介）

具体模型如图 5-2 所示。

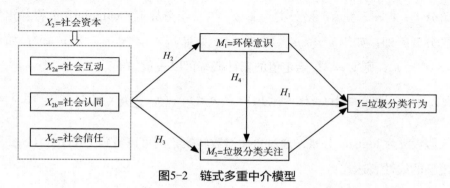

图5-2 链式多重中介模型

5.5 实证分析

5.5.1 描述性统计

根据模型设定和实际情况，研究设定的被解释变量、核心解释变量、中介变量和控制变量的基本描述统计如表5-2所示。被解释变量为农户参与生活垃圾分类行为，中介变量为环境保护意识和垃圾分类关注，控制变量中包括被调查者个人和家庭特征基本信息，基本情况与表5-1的分析一致，在此对相同的部分予以省略。

表5-2 社会资本维度变量基本描述性统计

变量符号	变量含义	均值	标准差	最小值	最大值
Y	农户参与生活垃圾分类行为	1.647	0.644	1	3
X_{21}	社会互动	8.123	2.491	3	15
X_{22}	社会认同	16.984	2.84	5	20
X_{23}	社会信任	30.662	5.852	14	40
M_1	环境保护意识	13.682	1.72	3	15
M_2	垃圾分类关注	3.121	1.134	2	6
sex	性别（1=男；0=女）	0.503	0.5	0	1
age	年龄	37.371	17.119	5	86
edu	受教育程度	1.653	0.827	1	4
mar	是否结婚（1=是；0=否）	0.681	0.466	0	1
partymember	党员（1=是；0=否）	0.115	0.32	0	1
health	身体状况（1=较差；2=一般；3=好）	2.534	0.633	1	3
fmpop	家庭人数	3.105	0.691	1	4
residtime	居住年数	23.616	19.385	0.5	86
distance	到达最近垃圾箱的步行分钟数	1.446	0.7	1	4

核心解释变量社会资本分为社会互动、社会认同、社会信任三个维度。社会互动维度的样本最小值为3，最大值为15，均值为8.123，这表明社会互动的力度只达到了一般水平，农户之间的信息交流、个体间互动还需要进

一步加强。社会认同维度的样本最小值为 5，最大值为 20，均值为 16.984，这表明社会认同的赞同度比较高，农村通过形成正式的和非正式的制度、准则或村规民约和习俗惯例以及社会归属感、达到较高的社会认同。社会信任维度的样本最小值为 14，最大值为 40，均值为 30.662，这表明社会信任达到了"比较信任"的水平，农户对于其他行为人采取垃圾分类行为的评价较高。在社会资本三个维度中，做得相对较好的是社会认同和社会信任，其次为社会互动。

5.5.2 基准回归分析

（1）社会互动与农户参与生活垃圾分类行为

为了更好地体现解释变量之一，即社会互动对农户参与生活垃圾分类行为的影响，在基准回归分析中，研究首先仅考虑单一解释变量对农户参与生活垃圾分类行为的影响，然后在此基础上依次将个人基本特征和家庭特征两类控制变量加入模型中，形成如表 5-3 所示的模型 1 至模型 3 的回归结果。综合表 5-3 模型 1 至模型 3 结果可知，无论是否加入个人特征因素、家庭特征因素等控制变量，社会认同对农户参与生活垃圾分类行为的系数显著为正。这说明随着社会互动的增加，农户参与生活垃圾分类行为逐渐上升。模型 1 中，社会互动的估计系数为 0.071。模型 2 中，在加入个人特征因素之后，社会互动的估计系数为 0.084。模型 3 中，在加入个人特征因素、家庭特征因素等控制变量之后，社会互动的估计系数为 0.081 且在 1% 的水平上显著，其发生比 OR 值为 1.084，表明社会互动每增加一个单位，农户参与较高程度生活垃圾分类行为的发生比提高 8.4%。这体现了农户之间的信息交流、个体间互动在一定程度上能提高农户垃圾分类的知识，进而促进其参与垃圾分类。

表5-3　社会互动与农户参与生活垃圾分类行为的基准回归分析

变量	模型 1	模型 2	模型 3
X_{21}	0.071**	0.084***	0.081***
	（0.028）	（0.029）	（0.029）
sex		0.141	0.095
		（0.137）	（0.137）

续表

变量	模型1	模型2	模型3
age		−0.031***	−0.038***
		（0.006）	（0.007）
edu		0.076	0.073
		（0.094）	（0.095）
mar		0.067	0.127
		（0.192）	（0.197）
partymember		0.361*	0.363*
		（0.218）	（0.218）
health		0.637***	0.631***
		（0.126）	（0.126）
fmpop			−0.029
			（0.109）
residtime			0.009*
			（0.005）
distance			−0.116
			（0.098）
N	884	884	884
r^2_p	0.004	0.084	0.087

　　对于控制变量中的个人基本特征因素影响而言，在表5-3模型3中，性别变量、受教育程度和婚姻状态的回归系数不显著，表明性别变量、受教育程度和婚姻状态这三个因素对于农户参与生活垃圾分类行为影响有限。年龄对农户参与生活垃圾分类行为在1%的水平上显著为负，回归系数为−0.038，其发生比 OR 值为0.963，表明年龄每增加一个单位，农户参与较高程度生活垃圾分类行为的发生比下降3.73%。这体现了随着年龄的增长，农户参与生活垃圾分类行为逐渐下降，可能的原因在于年龄越大的农户，身体状况越差，由

于参与生活垃圾分类行为需要步行一段距离，年龄越大的农户越不利于参与生活垃圾分类行为。是否为党员对农户参与生活垃圾分类行为在 10% 的水平上显著为正，回归系数为 0.363，其发生比 *OR* 值为 1.438，表明具有党员身份的农户参与较高程度生活垃圾分类行为的发生比提高 43.8%，这体现了党员在乡村治理中发挥模范带头作用，有利于农村规范生活垃圾分类行为。身体状况对农户参与生活垃圾分类行为在 1% 的水平上显著为正，回归系数为 0.631，其发生比 *OR* 值为 1.879，表明身体状况每提升一个单位，农户参与较高程度生活垃圾分类行为的发生比提高 87.9%。这体现了身体状况是农户参与生活垃圾分类行为的重要影响因素，政府部门应该注重采取相应的措施提高农户的身体健康状态。

对于控制变量中的家庭特征因素影响而言，在表 5-3 模型 3 中，家庭人口数和到达最近垃圾箱的步行分钟数的回归系数不显著，表明家庭人口数和到达最近垃圾箱的步行距离对于农户参与生活垃圾分类行为影响有限。然而，居住年限对农户参与生活垃圾分类行为在 10% 的水平上显著为正，回归系数为 0.009，其发生比 *OR* 值为 1.009，表明居住年限每增加一个单位，农户参与较高程度生活垃圾分类行为的发生比提高 0.9%。这体现了居住年限越长的农户，更愿意为自己的长期居住环境的优化做出努力。

（2）社会认同与农户参与生活垃圾分类行为

表 5-4 为社会认同与农户参与生活垃圾分类行为的回归结果。综合表 5-4 模型 1 至模型 3 结果可知，无论是否加入个人特征因素、家庭特征因素等控制变量，社会认同都与农户参与生活垃圾分类行为呈高度显著的正相关关系。这说明随着社会认同的增加，农户参与生活垃圾分类行为逐渐上升。模型 1 中，社会认同的估计系数为 0.235。模型 2 中，在加入个人特征因素之后，社会认同的估计系数为 0.197。模型 3 中，在加入个人特征因素、家庭特征因素等控制变量之后，社会认同的估计系数为 0.202 且在 1% 的水平上显著，其发生比 *OR* 值为 1.224，表明社会认同每增加一个单位，农户参与较高程度生活垃圾分类行为的发生比提高 22.4%。这体现了农村通过形成正式的和非正式的制度、准则或村规民约和习俗惯例以及社会归属感、达到较高的社会认同，能提高农户垃圾分类的知识，进而促进其参与垃圾分类。

表5-4 社会认同与农户参与生活垃圾分类行为的基准回归分析

变量	模型1	模型2	模型3
X_{22}	0.235***	0.197***	0.202***
	（0.027）	（0.027）	（0.028）
sex		0.135	0.102
		（0.140）	（0.141）
age		-0.030***	-0.036***
		（0.006）	（0.008）
edu		0.024	0.034
		（0.095）	（0.096）
mar		0.132	0.169
		（0.197）	（0.203）
partymember		0.344	0.333
		（0.219）	（0.216）
health		0.556***	0.543***
		（0.126）	（0.126）
fmpop			-0.018
			（0.109）
residtime			0.006
			（0.005）
distance			0.105
			（0.102）
N	884	884	884
r^2_p	0.054	0.113	0.115

对于控制变量中的个人基本特征和家庭基本特征影响而言，在表 5-4 模型 3 中，性别变量、受教育程度、婚姻状态、是否为党员、家庭人口数、居住年限和到达最近垃圾箱的步行分钟数的回归系数不显著，表明这七个因素在该模型中对于农户参与生活垃圾分类行为影响有限。年龄对农户参与生活垃圾分类行为在 1% 的水平上显著为负，回归系数为 -0.036，其发生比 *OR* 值为 0.965，表明年龄每增加一个单位，农户参与较高程度生活垃圾分类行为的发生比下降

3.54%。这体现了随着年龄的增长，农户参与生活垃圾分类行为逐渐下降，可能的原因在于年龄越大的农户，身体状况越差，由于参与生活垃圾分类行为需要步行一段距离，年龄越大的农户越不利于参与生活垃圾分类行为。身体状况对农户参与生活垃圾分类行为在1%的水平上显著为正，回归系数为0.543，其发生比OR值为1.721，表明身体状况每提升一个单位，农户参与较高程度生活垃圾分类行为的发生比提高72.1%。这体现了身体状况是农户参与生活垃圾分类行为的重要影响因素，政府部门应该注重采取相应的措施提高农户的身体健康状态。

（3）社会信任与农户参与生活垃圾分类行为

表5-5为社会信任与农户参与生活垃圾分类行为的回归结果。综合表5-5模型1至模型3结果可知，无论是否加入个人特征因素、家庭特征因素等控制变量，社会信任都与农户参与生活垃圾分类行为呈高度显著的正相关关系。这说明随着社会信任的增加，农户参与生活垃圾分类行为逐渐上升。模型1中，社会信任的估计系数为0.102。模型2中，在加入个人特征因素之后，社会信任的估计系数为0.079。模型3中，在加入个人特征因素、家庭特征因素等控制变量之后，社会信任的估计系数为0.079且在1%的水平上显著，其发生比OR值为1.082，表明社会信任每增加一个单位，农户参与较高程度生活垃圾分类行为的发生比提高8.2%。这体现了信任、规范及准则等可以通过信任互惠、信息传播、规范约束和关系网络等调动农户参与的积极性，提高环境治理集体行动成功的概率，塑造个体的意愿及行为。

表5-5　社会信任与农户参与生活垃圾分类行为的基准回归分析

变量	模型1	模型2	模型3
X_{23}	0.102***	0.079***	0.079***
	（0.013）	（0.013）	（0.014）
sex		0.174	0.125
		（0.139）	（0.139）
age		−0.028***	−0.036***
		（0.006）	（0.008）

续表

变量	模型 1	模型 2	模型 3
edu		0.065	0.069
		（0.093）	（0.093）
mar		0.122	0.187
		（0.197）	（0.204）
partymember		0.206	0.204
		（0.219）	（0.217）
health		0.578***	0.568***
		（0.125）	（0.124）
fmpop			−0.032
			（0.108）
residtime			0.009*
			（0.005）
distance			−0.020
			（0.097）
N	884	884	884
r^2_p	0.045	0.102	0.105

对于控制变量中的个人基本特征和家庭基本特征影响而言，在表 5-5 模型 3 中，性别变量、受教育程度、婚姻状态、是否为党员、家庭人口数和到达最近垃圾箱的步行分钟数的回归系数不显著，表明这六个因素在该模型中对于农户参与生活垃圾分类行为影响有限。年龄对农户参与生活垃圾分类行为在 1% 的水平上显著为负，回归系数为 −0.036，其发生比 OR 值为 0.965，表明年龄每增加一个单位，农户参与较高程度生活垃圾分类行为的发生比下降 3.54%。这体现了随着年龄的增长，农户参与生活垃圾分类行为逐渐下降，可能的原因在于年龄越大的农户身体状况越差，由于参与生活垃圾分类行为需要步行一段距离，年龄越大的农户越不利于参与生活垃圾分类行为。身体状况对农户参与生活垃圾分类行为在 1% 的水平上显著为正，回归系数为 0.568，其发生比 OR 值为 1.765，表明身体状况每提升一个单位，农户参与

较高程度生活垃圾分类行为的发生比提高 76.5%。这体现了身体状况是农户参与生活垃圾分类行为的重要影响因素，政府部门应该注重采取相应措施提高农户的身体健康状态。居住年限对农户参与生活垃圾分类行为在 10% 的水平上显著为正，回归系数为 0.009，其发生比 *OR* 值为 1.009，表明居住年限每增加一个单位，农户参与较高程度生活垃圾分类行为的发生比提高 0.9%。这体现了居住年限越长的农户，更愿意为自己的长期居住环境的优化做出努力。

（4）社会资本的三个维度

为了比较社会资本社会互动、社会认同和社会信任三个维度的作用大小，采用标准差标准化的方法，再放在模型中得出表 5-6 的回归结果。根据表 5-6 模型 2 得出，社会互动对农户参与生活垃圾分类行为的影响在 10% 的水平上显著为正，回归系数为 0.138；社会认同和社会信任的回归系数分别为 0.434 和 0.246，且均在 1% 的水平上显著。由此可以得出，社会资本社会互动、社会认同和社会信任三个维度的作用大小不同，其中，作用最大的是社会认同，其次为社会信任，最后为社会互动。因为农户对农村通过形成正式的和非正式的制度、准则或村规民约和习俗惯例以及社会归属感、达到较高的社会认同。在社会认同的基础上通过信任互惠、信息传播、规范约束和关系网络等调动农户参与的积极性，提高环境治理集体行动成功的概率，塑造个体的意愿及行为。最后，农户之间的交流互动能提高农户垃圾分类的知识，进而促进其参与垃圾分类。

表5-6　社会资本三个维度的作用大小分析

变量	模型 1	模型 2
sdx_{21}	0.101	0.138*
	（0.074）	（0.074）
sdx_{22}	0.472***	0.434***
	（0.091）	（0.094）
sdx_{23}	0.347***	0.246***
	（0.092）	（0.094）

续表

变量	模型 1	模型 2
sex		0.085
		（0.141）
age		−0.035***
		（0.008）
edu		0.050
		（0.096）
mar		0.184
		（0.206）
partymember		0.204
		（0.220）
health		0.526***
		（0.126）
fmpop		−0.038
		（0.110）
residtime		0.006
		（0.005）
distance		0.100
		（0.100）
N	884	884
r^2_p	0.066	0.122

5.5.3 中介效应分析

（1）环境保护意识、垃圾分类关注与社会互动

表 5-7 为环境保护意识、垃圾分类关注在社会互动中的独立中介效应回归结果。表 5-7 模型 1 为总效应回归结果。模型以环境保护意识（M_1）作为被解释变量，社会互动的估计系数不显著，证实了社会互动对环境保护意识的影响有限，社会互动在农户参与生活垃圾分类行为的影响中中介作用不成立，研究假设 5-2-2a 不成立。

117

表5-7 环境保护意识、垃圾分类关注在社会互动中的独立中介效应

变量	模型1	模型2	模型3	模型4	模型4
	Y	M_1	M_2	Y	Y
X_{21}	0.081***	0.035	0.079***	0.076***	0.043
	（0.029）	（0.023）	（0.015）	（0.029）	（0.029）
X_1				0.178***	
				（0.051）	
M_2					0.635***
					（0.070）
控制变量	Yes	Yes	Yes	Yes	Yes
N	884	884	884	884	884
r^2		0.150	0.120		
r^2_a		0.140	0.109		
r^2_p	0.087			0.096	0.144

表5-7模型3以垃圾分类关注（M_2）作为被解释变量，社会互动的估计系数为0.079，且在1%的水平上显著，证实了社会互动对垃圾分类关注有显著提升作用。这表明农户在频繁的社会交往及互动中，参与的垃圾分类讨论会在一定程度上引起自身的关注。模型5以农户参与生活垃圾分类行为作为被解释变量，社会互动的估计系数为从0.081减小到0.043且不显著，垃圾分类关注（M_2）的估计系数为0.635且在1%水平上显著。结合表5-7模型1、模型3和模型5，垃圾分类关注（M_2）在社会互动对农户参与生活垃圾分类行为的影响中发挥完全中介作用，证实了研究假设5-2-3a，农户在频繁的社会交往及互动中，参与的垃圾分类讨论会在一定程度上引起自身的关注，长时间持续的关注会在不同阶段对其行为决策产生影响，最终对其选择垃圾分类实践行为产生正向影响，论证了"社会互动—垃圾分类关注—农户参与生活垃圾分类行为"的作用路径。

（2）环境保护意识、垃圾分类关注与社会认同

表5-8为环境保护意识、垃圾分类关注在社会认同中的独立中介效应回归结果。表5-8模型1为总效应回归结果。模型2以环境保护意识（M_1）作为被

解释变量，社会认同的估计系数为 0.205，且在 1% 的水平上显著，证实了社会认同对环境保护意识有显著提升作用。模型 4 以农户参与生活垃圾分类行为作为被解释变量，社会认同的估计系数为从 0.202 减小到 0.186 且在 1% 的水平上显著，但是环境保护意识（M_1）的估计系数不显著，即环境保护意识在社会认同对农户参与生活垃圾分类行为的影响中中介作用不成立，研究假设 5-2-2b 不成立。

表5-8　环境保护意识、垃圾分类关注在社会认同中的独立中介效应

变量	模型 1	模型 2	模型 3	模型 4	模型 5
	Y	M_1	M_2	Y	Y
X_{22}	0.202***	0.205***	0.112***	0.186***	0.146***
	（0.028）	（0.022）	（0.013）	（0.031）	（0.029）
M_1				0.077	
				（0.051）	
M_2					0.568***
					（0.072）
控制变量	Yes	Yes	Yes	Yes	Yes
N	884	884	884	884	884
r^2		0.246	0.158		
r^2_a		0.237	0.148		
r^2_p	0.115			0.116	0.158

表 5-8 模型 3 以垃圾分类关注（M_2）作为被解释变量，社会认同的估计系数为 0.112，且在 1% 的水平上显著，证实了社会认同对垃圾分类关注有显著提升作用。这表明归属感强的农户会自觉主动，与其他归属感强的村民一起进行垃圾分类等讨论，对垃圾分类更加关注。模型 5 以农户参与生活垃圾分类行为作为被解释变量，社会认同的估计系数为从 0.202 减小到 0.146 且在 1% 水平上显著，垃圾分类关注（M_2）的估计系数为 0.568 且在 1% 水平上显著。结合表 5-8 模型 1、模型 3 和模型 5，垃圾分类关注（M_2）在社会认同对农户参与生活垃圾分类行为的影响中发挥部分中介作用，证实了研究假设 5-2-3b，高度

社会认同感、归属感强的农户会自觉主动地参与到村委会组织的垃圾分类等各种环境保护活动中，会积极与其他归属感强的村民一起进行垃圾分类等讨论，注意力会在一定程度上选择关注垃圾分类活动，进而做出垃圾分类决策，论证了"社会认同—垃圾分类关注—农户参与生活垃圾分类行为"的作用路径。

（3）环境保护意识、垃圾分类关注与社会信任

表5-9为环境保护意识、垃圾分类关注在社会信任中的独立中介效应回归结果。表5-9模型1为总效应回归结果。模型2以环境保护意识（M_1）作为被解释变量，社会信任的估计系数为0.087，且在1%的水平上显著，证实了社会信任对环境保护意识有显著提升作用。这表明农户对制度和人际的信任会在一定程度上提高农户的"主动"环保意识。模型4以农户参与生活垃圾分类行为作为被解释变量，社会信任的估计系数为从0.079减小到0.070且在1%的水平上显著，环境保护意识（M_1）的估计系数为0.116且在5%水平上显著。结合表5-9模型1、模型2和模型4，环境保护意识（M_1）在社会信任对农户参与生活垃圾分类行为的影响中发挥部分中介作用，证实了研究假设5-2-2c，社会信任在一定程度上决定了农户是否愿意信任他人或依靠他人的建议进行环境保护并做出垃圾分类行为选择，论证了"社会信任—环境保护意识—农户参与生活垃圾分类行为"的作用路径。

表5-9　环境保护意识、垃圾分类关注与社会信任的独立中介效应

变量	模型1	模型2	模型3	模型4	模型5
	Y	M_1	M_2	Y	Y
X_{23}	0.079***	0.087***	0.056***	0.070***	0.050***
	（0.014）	（0.009）	（0.007）	（0.014）	（0.014）
M_1				0.116**	
				（0.050）	
M_2					0.588***
					（0.072）
控制变量	Yes	Yes	Yes	Yes	Yes

续表

变量	模型1	模型2	模型3	模型4	模型5
N	884	884	884	884	884
r^2		0.225	0.164		
r^2_a		0.217	0.155		
r^2_p	0.105			0.109	0.151

表5-9模型3以垃圾分类关注（M_2）作为被解释变量，社会信任的估计系数为0.056，且在1%的水平上显著，证实了社会信任对垃圾分类关注有显著提升作用。模型5以农户参与生活垃圾分类行为作为被解释变量，社会信任的估计系数为从0.079减小到0.050且在1%的水平上显著，垃圾分类关注（M_2）的估计系数为0.588且在1%水平上显著。结合表5-9模型1、模型3和模型5，垃圾分类关注（M_2）在影响农户参与生活垃圾分类行为中发挥部分中介作用，证实了研究假设5-2-3c，农户垃圾分类关注在社会信任影响农户参与生活垃圾分类行为中具有中介作用，即农户对制度信任和人际信任在一定程度上促进讨论及参与垃圾分类等环境保护活动，进而做出关注，最终做出垃圾分类决策，论证了"社会信任—垃圾分类关注—农户参与生活垃圾分类行为"的作用路径。

进一步地，表5-10为环境保护意识、垃圾分类关注在社会信任中的链式中介效应回归结果。表5-10模型1表示社会信任对农户参与生活垃圾分类行为的总效应。模型3中，环境保护意识（M_1）对垃圾分类关注（M_2）的回归系数为0.058，且在5%的水平上显著，表明环境保护意识（M_1）和垃圾分类关注（M_2）的链式间接效应显著；与模型1中社会信任的回归系数相比，模型4中社会信任的回归系数变小且在1%的水平上显著，表明环境保护意识（M_1）和垃圾分类关注（M_2）承担了部分中介作用，与表5-10的分析结论一致，论证了"社会信任—环境保护意识—垃圾分类关注—农户参与生活垃圾分类行为"的作用路径，证实了研究假设5-2-4c。农户对制度信任和人际信任会对农户环境保护意识有促进作用，环保意识的提高又进一步影响农户关注垃圾分类相关活动，最终促进生活垃圾分类的决策行为。

表5-10 环境保护意识、垃圾分类关注与社会信任的链式中介效应

变量	模型 1	模型 2	模型 3	模型 4
	Y	M_1	M_2	Y
X_{23}	0.079***	0.087***	0.051***	0.044***
	（0.014）	（0.009）	（0.007）	（0.014）
M_1			0.058**	0.089*
			（0.024）	（0.047）
M_2				0.580***
				（0.072）
控制变量	Yes	Yes	Yes	Yes
N	884	884	884	884
r^2		0.225	0.170	
r^2_a		0.217	0.160	
r^2_p	0.105			0.153

5.5.4 组内交互分析

表 5-11 为社会资本社会互动、社会认同和社会信任三个维度组内交互的回归结果。由表 5-11 模型 1 可知，社会互动与社会认同的交互项系数不显著，这表明在社会互动的基础上每增加一单位社会认同对农户参与更高程度的垃圾分类行为的发生比没有显著影响。由表 5-11 模型 2 可知，社会互动与社会信任的交互项系数为 0.009 且在 10% 的水平上显著，这表明在社会互动的基础上每增加一单位社会信任对农户参与更高程度垃圾分类行为的发生比提高 0.9%。

表5-11 社会互动、社会认同和社会信任的组内交互分析

变量	模型 1	模型 2	模型 3
X_{21}	−0.160	−0.213	
	（0.190）	（0.154）	
X_{22}	0.102		0.481***
	（0.084）		（0.160）

续表

变量	模型 1	模型 2	模型 3
$X_{21}*X_{22}$	0.012		
	（0.011）		
X_{23}		0.003	0.242**
		（0.042）	（0.101）
$X_{21}*X_{23}$		0.009*	
		（0.005）	
$X_{22}*X_{23}$			−0.011**
			（0.006）
控制变量	Yes	Yes	Yes
N	884	884	884
r^2_p	0.118	0.110	0.123

5.6 本章小结

生活垃圾污染是生活问题，也是社会问题。从国内外研究现状可知，个人及家庭环境保护意识的欠缺、相关垃圾分类知识的不足以及分类意识的缺乏是导致目前生活垃圾分类治理效果不佳的重要原因之一。本章主要研究垃圾分类关注在影响农户参与生活垃圾分类行为中的部分中介作用，同时对社会信任、环境保护意识与垃圾分类关注之间的链式中介效应进行论证，建立政府支持、社会资本直接影响农户参与生活垃圾分类行为的 Logistics 模型以及二者分别通过个人环境感知间接影响农户垃圾分类的多重链式中介模型。结果表明，农户对制度信任和人际信任可以促进其环境保护意识的提升，进而关注垃圾分类相关活动，最终促进生活垃圾分类的决策行为。垃圾分类关注在影响农户参与垃圾分类行为中发挥部分中介作用，环境保护意识、垃圾分类关注与社会信任之间的链式中介效应。环境保护意识与垃圾分类关注在社会信任影响垃圾分类行为中发挥中介作用，证实了"社会信任—环境保护意识—垃圾分类关注—农户参与生活垃圾分类行为"的作用路径。表 5-11 的组内交互分析显示，社会互动与社会认同的交互项系数不显著，而社会互动与社会信任的交互项系数在

10%的水平上显著，这表明社会信任在社会互动基础上对农户参与更高程度垃圾分类行为的发生比产生积极影响。本书通过实证分析，揭示了社会信任、环境保护意识和垃圾分类关注在影响农户参与生活垃圾分类行为中的重要作用，为相关政策制定和实践提供了有益参考。

第6章 社会资本在政府支持影响农户生活垃圾分类中的调节作用分析

6.1 理论假设

目前，学术界针对农村生活垃圾治理问题展开多方面研究。孙旭友等从治理环境、治理模式和治理主体的角度，探讨农村垃圾治理的不同维度。这些研究启发思考农村垃圾治理的系统性与协同性，然而依靠制度、环境或治理主体某一方面的改善无法解决日益严重的"垃圾围村"问题。

目前，绝大多数关于社会资本的理论研究仍然局限于微观个体与企业层面，其对公众参与公共治理探究还较为稀少。社会资本本质上是一类重要的非正式制度，是对正式制度的有效补充与完善。在垃圾治理过程中，政府为主导方，将政府支持作为正式制度因素，社会资本作为非正式制度因素对正式制度的有效补充与完善，可通过对个体的行为进行良性约束，在政府和民众之间起"润滑剂"作用，从而加强集体行动的协作及互动，两者具有相得益彰、互补融合的结构关联性。本书参照 Evans 提出的"政府治理和社会资本在区域企业自身能力培育中并非独立作用，而应是协同互动"的观点，再结合协同治理研究视角，借鉴 Evans "政府—社会协同"的发展分析框架，分析两个核心变量，即政府支持和社会资本影响农户参与农村生活垃圾分类行为中的协同关系。

中国的农村地区作为熟人社会的典范，人与人之间存在因血缘、地缘和业缘关系所形成的以情感为联结纽带的社会资本，在人们日常的行为与相关决策活动中发挥至关重要的作用。一个良好的公民社会网络可以培养互惠规范，从而增强社会的整体信任感，提高社会组织效率；高效的社会组织能够促进更广泛的合作、弥补市场和政府的失灵，被称为经济发展的有力助推器。随着学者们对垃圾问题研究的日趋深入，社会资本则作为非正式制度因素在农户参与农村生活垃圾分类中发挥作用，对政府支持的有效补充与完善利益得到证实。在本书中，社会资本的补充作用可理解为其在政府支持影响农户参与生活垃圾分类中所发挥的调节作用。

调节作用的逻辑在于：第一，社会资本维度之一——社会互动通过农户间的交往，将政府的宣传信息、奖惩措施制度以及基础设施建设情况进行传导扩散，以增强对垃圾分类的认知，进而进行垃圾分类行为决策。第二，社会资本维度之二——社会认同可能的调节作用在于，政府各维度的支持在农户对居住村庄的高归属感及认同感下得到认可并愿意接纳，可影响农户的垃圾分类参与决策行为。第三，社会资本维度之三——社会信任可能的调节作用在于，政府的各维度的支持越能让农户信服，越容易驱动农户进行垃圾分类行为。

具体而言，农户在社会交往中的互动有助于政府对垃圾分类知识信息的传达，社会互动在政府支持影响农户参与生活垃圾分类中可能发挥信息传导作用。农户对所在村庄形成的良好社会归属感会促使其关注政府在垃圾分类方面的各种支持，进而进行垃圾分类行为决策。不仅如此，部分学者已从政府治理垃圾分类的政策出发对现行的自发型、强制型、混合型和引导型等模式效果进行了评价。研究发现，引导型方式最容易被居民所接受。而引导农户自发参与垃圾分类等环境保护活动，除政府的经济奖励外，更重要的是引导农户对所居住地的社会归属感、社会认同。农户的社会认同和主动参与，是垃圾分类必不可少的一环。"知—信—行"理论（KAP 理论）将人的任何行为细化为知识的学习、态度的变化和行动的形成三部分，并由此展开对个体行为的分析研究。因此，本章认为社会归属感等社会认同在政府支持影响农户参与生活垃圾分类中发挥调节作用。具体体现为政府通过向农村居民传递垃圾分类知识、垃圾缺乏分类带来的环境污染、健康威胁相关信息及垃圾分类奖惩制度等，有利于激发农村居民因感知到政府对所在村庄的支持而对所居住地产生强烈的社会认同感，进而参与垃圾分类活动，可以认为社会认同在政府支持影响农村生活垃圾分类行为中发挥接纳调节作用。社会信任作为社会资本的核心，是集体合作的"润滑剂"，通过自我强化与累积，能够有效降低交易成本，增强居民自愿合作的自主性。基于前文的分析，农户参与农村生活垃圾分类的自主性与积极性，是提升农村生活垃圾分类水平的核心。农户间信任程度越高，其政府传导的有关垃圾分类信息的接受度越高，被传导的农户在垃圾分类活动中更愿意投入时间，促使其进行垃圾分类行为选择，可以认为，社会信任在政府支持影响农户参与生活垃圾分类中起动力调节作用。基于以上分析，我们提出以下假设：

假设6-1 a 社会互动在政府信息支持影响农户参与生活垃圾分类行为中发挥调节作用。

假设6-1 b 社会互动在政府支持的奖惩措施影响农户参与生活垃圾分类行为中发挥调节作用。

假设6-1 c 社会互动在政府支持的基础设施建设影响农户参与生活垃圾分类行为中发挥调节作用。

假设6-1 d 社会认同在政府信息支持影响农户参与生活垃圾分类行为中发挥调节作用。

假设6-1 e 社会认同在政府支持的奖惩措施影响农户参与生活垃圾分类行为中发挥调节作用。

假设6-1 f 社会认同在政府支持的基础设施建设影响农户参与生活垃圾分类行为中发挥调节作用。

假设6-1 g 社会信任在政府信息支持影响农户参与生活垃圾分类行为中发挥调节作用。

假设6-1 h 社会信任在政府支持的奖惩措施影响农户参与生活垃圾分类行为中发挥调节作用。

假设6-1 i 社会信任在政府支持的基础设施建设影响农户参与生活垃圾分类行为中发挥调节作用。

6.2 实证分析

因为社会资本在政府支持影响农户参与生活垃圾分类中发挥的调节作用是非线性的，并非是连续性的，为了精准地分析不同等级社会资本在政府支持影响农户参与生活垃圾分类中的调节作用，笔者将本章的社会资本变量作为类别变量进行分析，即将社会资本分为低、中、高三个类别，并分析不同等级的社会资本在政府影响农户生活垃圾分类行为中的调节作用，具体分析如下。

6.2.1 描述性统计

根据模型设定和实际情况，研究设定的被解释变量、核心解释变量和控制变量的基本描述统计如表 6-1 所示。被解释变量为农户参与生活垃圾分类行为，控制变量中包括被调查者个人和家庭特征基本信息，在此对相同的部分予以省略。

表6-1 社会资本维度变量基本描述性统计

变量符号	变量含义	均值	标准差	最小值	最大值
Y	农户参与生活垃圾分类行为	1.65	0.64	1	3
X_{11}	信息支持	3.34	1.27	2	6
X_{12}	奖惩措施	0.90	1.39	0	5
X_{13}	基础设施建设	2.94	1.15	1	5
X_{21}	社会互动	1.86	0.79	1	3
X_{22}	社会认同	1.82	0.85	1	3
X_{23}	社会信任	1.94	0.83	1	3
sex	性别（1=男；0=女）	0.50	0.50	0	1
age	年龄	37.37	17.11	5	86
edu	受教育程度	1.65	0.83	1	4
mar	是否结婚（1=是；0=否）	0.68	0.47	0	1
partymember	党员（1=是；0=否）	0.12	0.32	0	1
health	身体状况（1=较差；2=一般；3=好）	2.53	0.63	1	3
fmpop	家庭人数	3.11	0.69	1	4
residtime	居住年数	23.59	19.39	0.08	86
distance	到达最近垃圾箱的步行分钟数	1.45	0.70	1	4

核心解释变量社会资本分为社会互动、社会认同、社会信任三个维度。社会互动维度的样本最小值为 1，最大值为 3，均值为 1.86，表明社会互动的力度只达到了一般水平，农户之间的信息交流、个体间互动还需要进一步加强。社会认同维度的样本最小值为 1，最大值为 3，均值为 1.82，表明社会认同的赞同度比较高，农村通过形成正式的和非正式的制度、准则或村规民约和习俗惯例以及社会归属感、达到较高的社会认同。社会信任维度的样本最小值为 1，最大值为 3，均值为 1.94，表明社会信任达到了"比较信任"的水平，农户对于其他行为人采取垃圾分类行为的评价较高。在社会资本三个维度中，做得相对较好的是社会认同和社会信任，其次为社会互动。

6.2.2　调节效应分析

表 6-2 为社会资本的三个维度（社会互动、社会认同、社会信任）的政府支持的第一维度"信息支持"影响农户参与生活垃圾分类行为的调节情况。由模型 2 可知，信息支持与社会互动的交互项中"信息支持 × 高水平"的系数显著（$\beta=0.296$，$p<0.05$），表明社会互动在一定程度上能够调节信息支持对农户参与生活垃圾分类行为的影响程度。具体来说，当社会互动为低水平时，信息支持每增加 1 个单位，农户更高程度参与生活垃圾分类行为的发生比增加 44.20%（$e^{0.366}-1$），而当社会互动为高水平时，信息支持每增加 1 个单位，农户更高程度参与生活垃圾分类行为的发生比增加 93.87%（$e^{0.366+0.296}-1$）。可以认为，社会互动在信息支持影响农户参与生活垃圾分类行为过程中发挥了一种信息传递效应。农户之间的社会互动越频繁，越有利于政府关于垃圾分类信息的宣传作用的发挥，垃圾分类知识及相关技术越容易在农户中进行传导和流通，进而促使农户的垃圾分类行为。

表6-2　社会资本对信息支持影响农户生活垃圾分类行为的调节效应

变量	模型 2	模型 3	模型 4
信息支持	0.366 ***	0.475 ***	0.378 ***
	（0.103）	（0.110）	（0.124）
社会互动（以低水平为基准）			
中水平	0.790 *		

续表

变量	模型 2	模型 3	模型 4
	（0.475）		
高水平	−0.097		
	（0.517）		
信息支持 × 社会互动（以"信息支持 × 低水平"为基准）			
信息支持 × 中水平	0.125		
	（0.137）		
信息支持 × 高水平	0.296 **		
	（0.132）		
社会认同（以低水平为基准）			
中水平		0.765	
		（0.561）	
高水平		1.413 ***	
		（0.508）	
信息支持 × 中水平		0.094	
		（0.163）	
信息支持 × 高水平		0.182	
		（0.146）	
社会信任（以低水平为基准）			
中水平			0.533
			（0.512）
高水平			−0.631
			（0.559）
信息支持 × 社会信任（以"信息支持 × 低水平"为基准）			
信息支持 × 中水平			−0.043
			（0.141）
信息支持 × 高水平			0.317 **

续表

变量	模型 2	模型 3	模型 4
			（0.122）
控制变量	控制	控制	控制
N	884	884	884
r^2_p	0.140	0.147	0.143

注：$^{*}p<0.1$，$^{**}p<0.05$，$^{***}p<0.01$，下同。

由模型 3 可知，信息支持与社会认同的两个交互项系数为正，表明社会认同能够在信息支持影响农户参与生活垃圾分类行为过程中发挥一定程度的正向调节效应，但是并不具备统计学上的显著性（$p<0.1$）。

由模型 4 可知，信息支持与社会信任的交互项中"信息支持 × 高水平"的系数显著（$\beta=0.317$，$p<0.05$），表明社会信任在一定程度上能够调节信息支持对农户参与生活垃圾分类行为的影响程度。具体来说，当社会信任为低水平时，信息支持每增加 1 个单位，农户更高程度参与生活垃圾分类行为的发生比增加 45.94%（$e^{0.378}-1$），而当社会信任为高水平时，信息支持每增加 1 个单位，农户更高程度参与生活垃圾分类行为的发生比增加 100.37%（$e^{0.378+0.317}-1$）。可以认为，社会信任在信息支持影响农户参与生活垃圾分类行为过程中发挥了一种"动力调节效应"，即农户对政府出台的垃圾分类的相关制度文件以及垃圾分类宣传信息越信任，更愿意和其他农户进行分享和讨论，越有利于垃圾分类相关知识在农户间传导，进而更好地激发农户的垃圾分类行为。不仅如此，农户间的人际信任越强，越容易接受其他农户对政府有关垃圾分类的宣传知识，越有利于政府信息支持作用的发挥，进而促使农户更有动力进行垃圾分类。

表 6-3 为社会资本的三个维度（社会互动、社会认同、社会信任）的政府支持的第二维度"奖惩制度"影响农户参与生活垃圾分类行为的调节情况。由模型 5 可知，奖惩制度与社会互动的交互项中"奖惩制度 × 高水平"的系数显著（$\beta=0.320$，$p<0.05$），表明社会互动在一定程度上能够调节奖惩制度对农户参与生活垃圾分类行为的影响程度。具体来说，当社会互动为低水平时，奖惩制度每增加 1 个单位，农户更高程度参与生活垃圾分类行为的发生比增加

43.62%（$e^{0.362}$–1），而当社会互动为高水平时，奖惩制度每增加 1 个单位，农户更高程度参与生活垃圾分类行为的发生比增加 97.78%（$e^{0.362+0.320}$–1）。可以认为，社会互动在奖惩制度影响农户参与生活垃圾分类行为过程中发挥了一种"信息传递效应"，即农户间的互动越频繁，对政府相关垃圾分类奖惩制度的信息传导范围越广泛，越容易让农户主动或者被动地进行垃圾分类选择。例如，因为垃圾分类做得好而得到政府奖励的那部分农户，在其社会互动中，将垃圾分类获得的奖励信息分享给其他农户，有利于激发其他农户的主动分类行为。相反，部分因垃圾分类做得不好而受到惩罚的农户，在其频繁的社会交往中，将其惩罚的信息传递给其他农户，也是对政府相关奖惩制度的传递，有利于对农户不分类行为进行约束，进而促成其被动地进行垃圾分类。

表6-3　社会资本对奖惩制度影响农户生活垃圾分类行为的调节效应

变量	模型 5	模型 6	模型 7
奖惩制度	0.362***	0.322***	0.290**
	（0.081）	（0.112）	（0.128）
社会互动（以低水平为基准）			
中水平	0.240		
	（0.187）		
高水平	0.094		
	（0.214）		
奖惩制度 × 社会互动（以"奖惩制度 × 低水平"为基准）			
奖惩制度 × 中水平	−0.004		
	（0.117）		
奖惩制度 × 高水平	0.320**		
	（0.124）		
社会认同（以低水平为基准）			
中水平		0.645***	
		（0.212）	
高水平		0.828***	

续表

变量	模型 5	模型 6	模型 7
		（0.208）	
奖惩制度 × 社会认同（以"奖惩制度 × 低水平"为基准）		（0.149）	
奖惩制度 × 高水平		0.289**	
		（0.137）	
社会信任（以低水平为基准）			
中水平			0.436**
			（0.184）
高水平			0.211
			（0.231）
奖惩制度 × 社会信任（以"奖惩制度 × 低水平"为基准）			
奖惩制度 × 中水平			0.030
			（0.168）
奖惩制度 × 高水平			0.237*
			（0.141）
控制变量	控制	控制	控制
N	884	884	884
r^2_p	0.139	0.142	0.137

由模型 6 可知，奖惩制度与社会认同的交互项中"奖惩制度 × 高水平"的系数显著（$\beta=0.289$，$p<0.05$），表明社会认同在一定程度上能够调节奖惩制度对农户参与生活垃圾分类行为的影响程度。具体来说，当社会认同为低水平时，奖惩制度每增加 1 个单位，农户更高程度参与生活垃圾分类行为的发生比增加 37.99%（$e^{0.322}-1$），而当社会认同为高水平时，奖惩制度每增加 1 个单位，农户更高程度参与生活垃圾分类行为的发生比增加 84.23%（$e^{0.322+0.289}-1$）。可以认为，社会认同在奖惩制度影响农户参与生活垃圾分类行为过程中发挥了一种

"接纳调节效用"，即农户对所在地区的社会归属感等社会认同程度越高，其对政府有关垃圾分类的奖惩制度的接纳度越高，越容易接受因垃圾分类做得好与不好的奖励或者惩罚。例如，农户对所在村庄的社会归属感越强烈，越容易参与到村庄的垃圾分类事务中，对政府出台的各项垃圾分类奖惩制度的接纳度也越高。尤其是当农户因垃圾分类做得不好而受到一定惩罚时，鉴于其对所居住村庄的高度认同，其越容易接受相应的惩罚。

由模型7可知，奖惩制度与社会信任的交互项中"奖惩制度×高水平"的系数显著（$\beta=0.237$，$p<0.1$），表明社会信任在一定程度上能够调节奖惩制度对农户参与生活垃圾分类行为的影响程度。具体来说，当社会信任为低水平时，奖惩制度每增加1个单位，农户更高程度参与生活垃圾分类行为的发生比增加33.64%（$e^{0.290}-1$），而当社会信任为高水平时，奖惩制度每增加1个单位，农户更高程度参与生活垃圾分类行为的发生比增加69.38%（$e^{0.290+0.237}-1$）。可以认为，社会信任在奖惩制度影响农户参与生活垃圾分类行为过程中发挥了一种"动力调节效应"，即农户对有关垃圾分类的正式机制及非正式制度越信任，尤其是对政府出台的有关垃圾分类的奖惩措施等的信任程度越高，越容易引发农户主动或被动的垃圾分类行为。此外，农户间的人际信任程度越高，在日常交往中，越容易相信其他农户传导的有关垃圾分类的奖惩措施等信息。例如，部分农户将其因垃圾分类做得好获得的奖励或者做得不好而受到的惩罚等经历分享给其他农户，彼此的信任程度越高，其他农户越容易相信并接收这些信息，进而主动或者被动地进行垃圾分类行为选择。

表6-4为社会资本的三个维度（社会互动、社会认同、社会信任）的政府支持的第三维度"基础设施建设"影响农户参与生活垃圾分类行为的调节情况。由模型8可知，基础设施建设与社会互动的交互项中"基础设施建设×高水平"的系数显著（$\beta=0.460$，$p<0.05$），表明社会互动在一定程度上能够调节基础设施建设对农户参与生活垃圾分类行为的影响程度。具体来说，当社会互动为低水平时，政府基础设施建设影响农户参与生活分类行为的调节效应不显著。原因可能是，农户间的社会互动频率越低，原本对分类垃圾桶等垃圾分类基础设施情况不熟悉的农户由于消息闭塞而无法进行精准的垃圾分类。而当社会互动为高水平时，基础设施建设每增加1个单位，农户更高程度参与生活垃圾分类

行为的发生比增加 58.41%（$e^{0.460}-1$）。可以认为，社会互动在基础设施建设影响农户参与生活垃圾分类行为过程中发挥了一种"信息传递效应"，即农户间的社会互动频率越高，对分类垃圾桶等分类基础设施熟悉的农户在和其他农户讨论交流中，有助于促进其他农户对垃圾分类基础设施的正确认识，进而促进其他农户因熟悉各类分类垃圾桶而选择垃圾分类行为。

表6-4　社会资本对基础设施建设影响农户生活垃圾分类行为的调节效应

变量	模型 8	模型 9	模型 10
基础设施建设	−0.005	0.119	0.064
	（0.099）	（0.108）	（0.117）
社会互动（以低水平为基准）			
中水平	0.009		
	（0.469）		
高水平	−0.945		
	（0.581）		
基础设施建设 × 社会互动（以"基础设施建设 × 低水平"为基准）			
基础设施建设 × 中水平	0.101		
	（0.157）		
基础设施建设 × 高水平	0.460 **		
	（0.183）		
社会认同（以低水平为基准）			
中水平		0.646	
		（0.531）	
高水平		1.207 **	
		（0.505）	
基础设施建设 × 社会认同（以"基础设施建设 × 低水平"为基准）			
基础设施建设 × 中水平		0.004	
		（0.172）	
基础设施建设 × 高水平		−0.048	
		（0.169）	

续表

变量	模型 8	模型 9	模型 10
社会信任（以低水平为基准）			
中水平			0.521
			（0.466）
高水平			0.506
			（0.556）
基础设施建设 × 社会信任（以"基础设施建设 × 低水平"为基准）			
基础设施建设 × 中水平			−0.018
			（0.159）
基础设施建设 × 高水平			0.115
			（0.181）
控制变量	控制	控制	控制
N	884	884	884
r^2_p	0.095	0.109	0.100

由模型 9 可知，基础设施建设与社会认同的两个交互项系数为正，表明社会认同能够在基础设施建设影响农户参与生活垃圾分类行为过程中发挥一定程度的正向调节效应，但是并不具备统计学上的显著性（$p<0.1$）。

由模型 10 可知，基础设施建设与社会信任的交互项中"基础设施建设 × 高水平"的系数显著（$\beta=0.317$，$p<0.05$），表明社会认同在一定程度上能够调节基础设施建设对农户参与生活垃圾分类行为的影响程度。具体来说，当社会信任为低水平时，政府基础设施建设在影响农户参与生活垃圾分类行为的调节效应不显著。原因可能是，农户对当地政府信任程度较低，其对政府所进行的垃圾分类基础设施不关心，更不会进行正确的垃圾分类活动。此外，农户间的人际信任程度越低，对其他农户所传递的有关垃圾分类基础设施的接纳度越低，甚至排斥其他农户的信息传达，导致其因为自身的不信任失去了获取对分类垃圾桶等基础设施的正确认识，进而不能进行正确的垃圾分类行为。而当社会信

任为高水平时，基础设施建设每增加 1 个单位，农户更高程度参与生活垃圾分类行为的发生比增加 256.08%（$e^{1.207}-1$）。可以认为，社会信任在基础设施建设影响农户参与生活垃圾分类行为过程中发挥了一种"接纳传递效应"。例如，农户间的人际信任越强，其越容易接受别人对垃圾分类行为的参与建议，进而更愿意参与到村庄各项事务中，越关心村庄的发展。就垃圾分类而言，社会信任越强的农户越希望村庄有好的发展，希望村庄通过完善垃圾分类基础设施而激发农户的垃圾分类行为，进而愿意为村庄成为垃圾分类示范点而实施正确的垃圾分类行为。

第7章 国外经验借鉴

无论是发达国家还是发展中国家，在工业化、城市化进程中都伴随大量生产、大量消费、大量废弃，经济的飞速发展和消费的变化使得生活垃圾排放量骤然增多。西方发达国家从 20 世纪 70 年代开始进行生活垃圾分类治理，经过半个多世纪的探索完善，各国已建立了不同的生活垃圾分类模式。中国是生活垃圾分类治理的后发国家，学习借鉴发达国家的经验教训，对于发挥后发优势非常重要。

作为发展中国家，中国垃圾分类工作较发达国家起步较晚，2017 年颁布的《生活垃圾分类制度实施方案》中首次提出生活垃圾分类标准制定的基本原则；直到 2020 年印发《关于进一步推进生活垃圾分类工作的若干意见》，才提出"因地制宜制定相对统一的生活垃圾分类类别"的目标。《国家乡村振兴战略规划（2018—2022 年）》明确提出，推进农村生活垃圾治理，建立健全符合农村实际、方式多样的生活垃圾收运处置体系，有条件的地区推行垃圾就地分类和资源化利用。这体现了农村生活垃圾分类治理势在必行。随着相关政策文件的出台，全国各地州市都积极探索适宜本地经济文化的垃圾分类模式，经济相对发达的北、上、广等城市也呈现出一些较有代表性的分类模式，但在全国层面，政策上尚未形成比较系统的、相对完善的垃圾分类模式。中国农村生活垃圾分类治理仍处于探索阶段，任重而道远。鉴于此，有学者总结了典型国家在农村生活垃圾分类治理方面的经验和做法，以期为中国农村生活垃圾分类治理提供借鉴思路。

7.1 日本垃圾分类经验

日本是世界上开展垃圾分类最早、成效最显著的国家，其垃圾处理政策经历了"末端处理→源头分类→回收利用→循环资源"的渐进式演进。20 世纪 60 年代，日本严重的产业公害唤醒了日本市民保护家园和自身权益的意识，这一时期，日本自上而下实施的垃圾末端管理政策，公民没有参与到垃圾分类管理中。随后，日本"泡沫经济"时期伴随着日益严重的垃圾危机，迫使日本政府及时创新垃圾分类的管理体制，将末端治理转向源头预防，通过垃圾分类促进减量化，到了21世纪，日本开始重视垃圾分类处理阶段并将传统的被动参与转变为公民及社会各主体的主动参与，并构建了以公民参与为核心的多主体协同治理垃圾管理机制。在实施该机制过程中，日本政府在重视宣传、教育对公民参与生活垃圾分类的"软性"管理作用发挥的基础上，还通过建立相对完善的法律法规配合严格的执法等"硬性"管理来约束公民的垃圾分类行为。不仅如此，为了激发垃圾治理核心主体的公民的参与积极性，日本政府制定了行之有效的垃圾分类扶持及激励政策。总之，日本在垃圾分类工作中取得的成效离不开其责任明晰的垃圾分类管理法律、严格的惩罚措施与监督机制、行之有效的垃圾分类扶持与激励政策等，更离不开依据以上而形成的政府、企业、公民协调治理体系。

7.2 瑞典垃圾分类经验

瑞典是全世界生活垃圾处理最成功的国家之一。当全球很多国家在为"垃圾围城"头疼不已时，身处北欧的瑞典实现了高达99%的资源回收和焚烧供能比率，只有不到1%的垃圾被填埋。通过相关文献分析，瑞典之所以达到如此高的垃圾再利用率，主要是瑞典政府从宣传教育、基础设施建设、体制机制及法规建设、产业化运营、技术研发5个方面实施垃圾分类措施。具体而言，在意识培养方面，瑞典用一代人培养全民垃圾分类意识，自小学三年级便开始学习垃圾分类处理的相关知识，并制定了垃圾分类制度、生产者责任制度、押金回收制度等，引导国民提高环保意识。例如，瑞典的小区建设有公用的"交流废物间"，有8～10个不同的垃圾箱，每个箱子上都有清楚的标志，不用的物品还可以交换使用，在很大程度上促进了"物尽其用"。值得借鉴的是，为了不影响回收且更好地保护环境，瑞典公民在进行细致的垃圾分类之前还予以清洗。如果没有提前分类，扔垃圾时就会犯难，这在一定程度上激励了人们进行垃圾分类。此外，瑞典在垃圾分类的各个环节都配备了完善的基础设施并逐步建立了健全的法律法规以及严格的垃圾处理制度，例如，"生产者责任制""押金回收"制度、生态环保标志制度、生活垃圾收费制度、第三方机构评估制度等。不仅如此，瑞典政府还实施以市场为导向的垃圾处理产业化来缓解政府的治理压力，把政府统管的公益性事业如垃圾分类行为转变成政府引导与监督、非政府组织参与和企业运营的企业行为，以实现效益最大化。

7.3　德国垃圾分类经验

德国开展生活垃圾分类已经 100 余年，是最早实行垃圾分类且最成功的国家之一，德国生活垃圾分类有以下经验值得借鉴：①全过程视角及战略目标。在推动垃圾分类的过程中，发挥主导作用的政府要统筹好经济发展与环境保护战略目标，做好垃圾分类规划，进而选择不同的政策工具来推动目标的实现。②完善的法律法规支撑。目前德国有关垃圾管理的相关法律有 800 多项，相关行政条例 5000 多项，已经逐步建立了一整套比较完善的法律，真正做到立法先行，有法可依。③采用多元化的经济工具。在开展垃圾分类过程中，德国为了充分调动居民参与分类的积极性，采用了多种不同的经济工具：首先，德国实行的是垃圾分类差异化收费制度，垃圾处理普遍是按垃圾类型和数量差异化收费的，多数社区都设有专门的生活垃圾投放点。其次，实行 PET 塑料瓶押金返还制度，即顾客在购买该商品时会支付一定的押金，很多时候押金超过了商品的价格，顾客要想拿回押金必须将废弃的瓶子放在指定的位置，通常指定的位置方便顾客投放。这跟瑞典的"押金回收"制度有共通之处。此外，德国政府颁布的《避免和利用包装废弃物法》直接促使德国成立了专门从事包装废弃物回收再利用的全国性非政府组织，即德国双轨制回收系统（DSD），进一步明确了企业的行为。④同很多国家一样，德国政府高度重视民众环境教育和垃圾分类意识的培养，通过学校教育引导家庭教育和社会教育。几十年的环境教育让公众自觉接受垃圾分类，自愿开展垃圾分类，主动做好垃圾分类，垃圾分类融入生活的各个方面。

7.4　经验启示

随着环境保护成为全球性问题，世界各个国家都在积极探索环境保护的具体措施，垃圾分类无疑已成为环境保护及资源化利用的一大良策。各个国家推行垃圾分类的时间和具体对策虽有差异，但总体形成了相对完善的体系。尤其是发达国家，垃圾分类起步较我国较早，在多年的探索及实践中已积累了一定的经验。本章重点分析国际上垃圾分类实施效果明显的日本、瑞典和德国的典型经验和做法，总结归纳了三个国家在垃圾分类方面的共性特征和差异化措施，结合中国的社会制度、经济发展水平及垃圾分类实施现状，总结出中国农村地区生活垃圾分类可借鉴的经验启示：

在本书的理论及实证分析中，日本、瑞典和德国的经验与本书的结论相吻合。这三个国家的经验表明：①农户是农村生活垃圾分类得以有效实施的关键，必须充分调动其积极性，培养农户的垃圾可持续分类意识是第一步，通过外部环境驱动其垃圾分类意识，进而促进垃圾分类行为选择，这与本书的思路及结论高度一致，进一步验证了影响农户参与生活垃圾分类的外部环境即政府的信息支持的重要性，更进一步证实了在影响农户生活垃圾分类行为过程中，外因通过内因发挥作用的逻辑机理。②三个国家的经验再次验证了本书政府的基础设施建设等工具支持在影响农户参与生活垃圾中的基础作用，因此必须逐步有序地、有重点地完善农村生活垃圾分类基础设施建设，为农户进行垃圾分类提供基础性支持。③三个国家都非常重视农村生活垃圾分类法制化建设，都强调政府要出台相关的分类及奖惩制度等约束农户的垃圾分类行为，进而促使农户主动或者被动地进行垃圾分类行为选择。④三个国家的垃圾分类无不强调多元主体的积极参与及共同作用的发挥。这与本书的研究初衷及结论都高度一致，即在农村生活垃圾分类中，不仅要充分争取政府的各项支持，更要重视农村地区自身的社会资本的培育，还要充分调动村、支两委以及党员和农户的参与分类的积极性，积极构建多元主体协同共治的新模式，努力探索农村地区农户参与生活垃圾分类的新路径。总体而言，这三个国家的垃圾分类成功经验及本书的理论及实证分析，都为本书的研究初衷及结论进行了验证。基于此，本书最后一章将在对理论即实证结论分析的基础上，结合国外垃圾分类经验启示，进一步提出基于协同治理视角的农户参与生活垃圾分类的政策建议。

第8章 研究结论、政策启示与进一步研究方向

8.1 研究结论

第一，农村居民生活垃圾分类水平低。根据贵州省农村实地调研发现，44.4%的受访农户选择不参与垃圾分类，46.1%的受访农户仅对有经济价值的可回收垃圾等进行简单分类，只有9.4%的受访农户对生活垃圾进行严格分类。由此可见，样本地区农户生活垃圾分类水平不高，且在分类模式选择意愿上，农户更倾向于选择较简单的分类方式。

第二，基准回归结果表明，政府支持对农户生活垃圾分类行为具有显著的正向影响。具体而言：其一，政府支持的信息支持维度对农户参与生活垃圾分类行为在1%的水平上显著为正，回归系数为0.619，其发生比 OR 值为1.857，这表明信息支持每提升一个单位，农户参与较高程度生活垃圾分类行为的发生比提高85.7%。在加入个人特征因素、家庭特征因素等控制变量之后，信息支持对农户参与生活垃圾分类行为在1%的水平上显著为正，回归系数为0.543，其发生比 OR 值为1.721，信息支持每提升一个单位，农户参与较高程度生活垃圾分类行为的发生比提高72.1%。其二，政府支持的奖惩措施维度方面，无论是否加入个人特征因素、家庭特征因素等控制变量，奖惩措施对农户参与生活垃圾分类行为在1%的水平上显著为正，回归系数为0.467，其发生比 OR 值为1.595，奖惩措施每增加一个单位，农户参与较高程度生活垃圾分类行为的发生比提高59.5%。其三，政府支持的基础设施建设维度方面，基础设施建设对农户参与生活垃圾分类行为在1%的水平上显著为正，回归系数为0.257，其发生比 OR 值为1.293，这表明基础设施建设每增加一个单位，农户参与较高程度生活垃圾分类行为的发生比提高29.3%。此外，回归分析表明政府支持信息支持、奖惩措施和基础设施建设三个维度的作用大小不同。其中，作用最大的

是信息支持，其次为奖惩措施，最后为基础设施建设。信息支持和奖惩措施的回归系数分别为 0.485 和 0.407 且在 1% 的水平上显著，基础设施建设的回归系数为 −0.041，但不显著。因此，政府在实行农村生活垃圾分类措施时，首先考虑通过多渠道、多媒介手段开展的农村生活垃圾分类知识宣讲或政策传播，以此增强农户自身环境保护知识及意识，从而达到更好的政策效果。其次，通过出台相关垃圾分类的奖励或者惩罚措施激发农户参与生活垃圾分类的潜力。最后，为农户提供农村生活垃圾分类所需的基础设施并安排专业的技术培训，给予保障。基准回归分析表明，性别变量、受教育程度、婚姻状态和是否为党员这四个控制变量在政府支持对农户参与生活垃圾分类行为的影响中作用有限，而年龄对农户参与行为有负向影响；身体健康状况、居住年限以及是否为党员则对农户参与生活垃圾分类行为影响中有正向影响。

第三，基准回归分析表明，社会资本对农户生活垃圾分类行为具有显著的正向影响。具体而言：其一，社会资本维度之一的社会互动对农户参与生活垃圾分类有显著影响。在加入个人特征因素、家庭特征因素等控制变量之后，社会互动的估计系数为 0.081 且在 1% 的水平上显著，其发生比 OR 值为 1.084，这表明社会互动每增加一个单位，农户参与较高程度生活垃圾分类行为的发生比提高 8.4%。其二，在社会资本的社会认同维度，在加入个人特征因素、家庭特征因素等控制变量之后，社会认同的估计系数为 0.202 且在 1% 的水平上显著，其发生比 OR 值为 1.224，这表明社会认同每增加一个单位，农户参与较高程度生活垃圾分类行为的发生比提高 22.4%。其三，在社会资本的社会信任维度，在加入个人特征因素、家庭特征因素等控制变量之后，社会信任的估计系数为 0.079 且在 1% 的水平上显著，其发生比 OR 值为 1.082，这表明社会信任每增加一个单位，农户参与较高程度生活垃圾分类行为的发生比提高 8.2%。最后，基准回归分析表明，性别变量、受教育程度、婚姻状态和是否为党员这四个控制变量在政府支持对农户参与生活垃圾分类行为的影响中作用有限，而年龄对农户参与行为有负向影响；身体健康状况、居住年限以及是否为党员则对农户参与生活垃圾分类行为影响中有正向影响。

第四，根据独立中介效应回归结果分析得出，农户个人层面的环境保护意识在政府支持与社会资本对农户生活垃圾分类行为影响中起部分中介作用。具体而言，以农户参与生活垃圾分类行为作为被解释变量，政府支持维度之一的信息支持的估计系数为从 0.543 减小到 0.518 且在 1% 的水平上显著，环境保护意识（M_1）的估计系数为 0.115 且在 5% 水平上显著，说明环境保护意识在信息支持对农户参与生活垃圾分类行为的影响中发挥部分中介作用。政府支持维度之二的奖惩措施的估计系数为从 0.467 减小到 0.448 且在 1% 的水平上显著，环境保护意识的估计系数为 0.146 且在 1% 水平上显著，说明环境保护意识在奖惩措施对农户参与生活垃圾分类行为的影响中发挥部分中介作用。政府支持维度之三的基础设施建设的估计系数为从 0.159 减小到 0.143 且在 5% 的水平上显著，环境保护意识（M_1）的估计系数为 0.175 且在 1% 水平上显著，说明环境保护意识在基础设施建设对农户参与生活垃圾分类行为的影响中发挥部分中介作用。此外，在社会资本维度中，农户环境保护意识只有在社会认同影响农户参与生活垃圾分类行为中发挥部分中介作用，估计系数为从 0.079 减小到 0.07 且在 1% 的水平上显著，环境保护意识（M_1）的估计系数为 0.116 且在 5% 水平上显著。

第五，根据独立中介效应回归以及多重链式中介效应回归分析得出以下结论：在政府支持维度之一的信息支持层面，保护意识、垃圾分类关注中介效应成立，且环境保护意识和垃圾分类关注为完全中介作用。在政府支持维度之二的奖惩措施层面，环境保护意识、垃圾分类关注中介效应成立，且环境保护意识和垃圾分类关注为部分中介作用。在政府支持维度之三的基础设施层面，环境保护意识、垃圾分类关注中介效应成立，且环境保护意识和垃圾分类关注为完全中介作用。此外，在社会资本之一的社会互动层面，环境保护意识中介效应不成立；垃圾分类关注中介效应成立，且为完全中介效应；链式中介不成立。在社会资本维度之二的社会认同层面，环境保护意识中介效应不成立；垃圾分类关注中介效应成立；（部分中介）链式中介不成立。在社会资本维度之三的社会信任层面，环境保护意识中介效应成立；（部分中介）垃圾分类关注中介效应成立；（部分中介）链式中介：环境保护意识、垃圾分类关注中介效应成立，且环境保护意识和垃圾分类关注为部分中介作用。具体而言，以农户参与生活垃圾分类行为作为被解释变量，政府支持维度之一的信息支持的估计系数为从 0.543 减小到 0.345

且在 1% 的水平上显著，垃圾分类关注的估计系数为 0.468 且在 1% 水平上显著，这说明垃圾分类关注在影响农户参与生活垃圾分类行为中发挥部分中介作用。政府支持维度之二的奖惩措施的估计系数为从 0.467 减小到 0.302 且在 1% 的水平上显著，垃圾分类关注的估计系数为 0.498 且在 1% 水平上显著，这说明垃圾分类关注在奖惩措施对农户参与生活垃圾分类行为的影响中发挥部分中介作用。政府支持维度之三的基础设施建设的估计系数为从 0.159 减小到 0.087 且不显著，垃圾分类关注的估计系数为 0.639 且在 1% 水平上显著，这说明垃圾分类关注在基础设施建设对农户参与生活垃圾分类行为的影响中发挥完全中介作用。此外，以农户参与生活垃圾分类行为作为被解释变量，社会资本维度之一的社会互动的估计系数为从 0.081 减小到 0.043 且不显著，垃圾分类关注的估计系数为 0.635 且在 1% 水平上显著，说明垃圾分类关注在社会互动对农户参与生活垃圾分类行为的影响中发挥完全中介作用。社会资本维度之二的社会认同的估计系数为从 0.202 减小到 0.146 且在 1% 水平上显著，垃圾分类关注的估计系数为 0.568 且在 1% 水平上显著，说明垃圾分类关注在社会认同对农户参与生活垃圾分类行为的影响中发挥部分中介作用。社会资本维度之三的社会信任的估计系数为从 0.079 减小到 0.050 且在 1% 的水平上显著，垃圾分类关注的估计系数为 0.588 且在 1% 水平上显著，说明垃圾分类关注在农户参与生活垃圾分类行为影响中发挥部分中介作用。

第六，根据实证分析，社会资本在政府支持影响农户参与生活垃圾分类中的调节作用得出以下结论：①社会互动和社会信任在一定程度上能够调节信息支持对农户参与生活垃圾分类行为的影响程度，且在信息支持影响农户参与生活垃圾分类行为过程中分别发挥"信息传递效应"和"动力调节效应"。具体而言，当社会互动和社会信任为低水平时，信息支持每增加 1 个单位，农户更高程度参与生活垃圾分类行为的发生比分别增加 44.20%（$e^{0.366}-1$）和 45.94%（$e^{0.378}-1$）；而当社会互动和社会信任为高水平时，信息支持每增加 1 个单位，农户更高程度参与生活垃圾分类行为的发生比分别增加 93.87%（$e^{0.366+0.296}-1$）和 100.37%（$e^{0.378+0.317}-1$）。②社会认同能够在信息支持影响农户参与生活垃圾分类行为过程中发挥一定程度的正向调节效应，但调节作用不显著。③社会互动、社会认同以及社会信任在一定程度上能够调节奖惩制度对农户参与生活垃圾分类行为的影响程度，且分别发挥"信息传递效应""接纳调节效应"以及"动力调节效应"。具体来说，当社会互动、社会认同以及社会信任分别处于低水平时，奖惩制度每增加 1 个单位，农户更高程度参与生活垃圾分类行为的发生比分别增加 43.62%（$e^{0.362}-1$）、37.99%（$e^{0.322}-1$）和 33.64%（$e^{0.290}-1$），而当社会互动、社会认同、社会信任三个维度为高水平时，奖惩制度每增加 1 个单位，农户更高程度参与生活垃圾分类行为的发生比分别增加 97.78%（$e^{0.362+0.320}-1$）、84.23%（$e^{0.322+0.289}-1$）和 69.38%（$e^{0.290+0.237}-1$）。④ 在分析社会资本对基础设施建设影响生活垃圾分类行为的调节效应时，发现社会信任在政府支持影响农户参与生活垃圾分类行为中没有调节作用，且社会互动以及社会认同在低水平时，政府基础设施建设在影响农户参与生活分类行为中的调节效应不显著。而当两者为高水平时，基础设施建设每增加 1 个单位，农户更高程度参与生活垃圾分类行为的发生比分别增加 58.41%（$e^{0.460}-1$）和 256.08%（$e^{1.207}-1$）。

本书的贡献在于以协同治理视角，将政府支持、社会资本、农户环境感知纳入同一个框架，提出了"社会资本—农户环境保护意识—农户垃圾分类关注—农户参与生活垃圾分类行为""政府支持—农户环境保护意识—农户垃圾分类关注—农户参与生活垃圾分类行为"以及"政府支持—社会资本—农户参与生活垃圾分类行为"的传导路径假设并进行了实证检验，有利于从影响农户参与的内外部环境进行深入分析农户的参与行为。实证分析表明，目前贵州省农村地区的农户受社会资本、政府支持以及自身环境保护意识的影响，在较高水平的垃圾分类参与度较低，且主动性、积极性不足，不仅需要政府、社会资本等外部因素积极发挥作用，农户也需要提升自身的环境保护意识，转被动为主动，积极关注并主动参与到政府及社会资本等组织的各项垃圾分类活动中，最终激发自身的垃圾分类参与行为。首先，政府的信息支持、奖惩措施等制度支持以及垃圾分类基础设施建设是激发农户参与垃圾分类的重要支撑力。高水平的支持及完善的垃圾分类基础设施不仅可以直接激发农户参与垃圾分类的积极性，还可以通过提升农户的环境保护意识和垃圾分类关注度，间接促进其参与垃圾分类。其次，社会互动的"信息驱动"、社会认同的"认同驱动"以及社会信任的"信任驱动"是农户自愿参与垃圾分类的重要驱动力，不仅可以直接激发农户参与生活垃圾分类的主动性，还可以通过农户的环境感知"收益驱动"间接提升农户参与垃圾分类的积极性。农户的社区认同感越高、信任度越高、互动越频繁，越愿意参与垃圾分类。因此，在推动农村垃圾分类工作中，各相关主体应该上下联动，营造全体重视、农户主体的内外部环境。本书虽实证检验了政府支持和社会资本对农户参与生活垃圾分类的直接影响，也进一步验证了农户的环保意识及垃圾分类关注在社会资本与政府支持影响农户生活垃圾分类中多重链式中介效应，但不同程度的政府支持力度和政府支持强度对农户参与不同类型的生活垃圾分类的具体影响，环境保护意识、垃圾分类关注度这两个核心变量以及社会资本与政府支持对因变量的具体影响程度，是未来可以进一步讨论。

8.2 政策启示

研究结果表明，政府支持、社会资本以及农户自身的环境感知都对农户参与生活垃圾分类行为有显著影响，且各因素之间由于存在多项互动的传导机制，很难就某一个单一变量进行求解。农村生活垃圾分类是一项复杂的社会化的系统工程，需要积极地构建切实可行的协同治理运行机制，这一点在国外经验中已经得到验证。基于此，本书从协同治理视角出发，从加大政府支持、培育农村社会资本维度提出提升农户环境感知价值、激活农户参与生活垃圾分类行为积极性的政策建议。

8.2.1 优化政府支持增强农户环境感知意识对垃圾分类行为的正向影响

（1）加大政府信息支持力度以增强农户环境感知能力

本书实证结果表明，政府信息支持对农户生活垃圾分类行为有直接的显著的正向影响，也能提高农户的环境感知水平而间接正向影响农户垃圾分类行为。因此，为了提高农户参与生活垃圾分类行为的积极性，意识必须先行，政府建立长期持续且多样化的宣传等信息支持体系必不可少。比如，政府可将垃圾分类知识引入基础教育乃至高等教育中，提高垃圾分类知识的普及率。另外，完善农村地区媒体平台设施，将传统媒介与现代媒体深度融合开展多形式的宣传工作。除此之外，链接资源，引入相关企业、高校师生群体、城市社区志愿者开展垃圾分类公益活动，充分发挥多元主体的作用，注重价值观引领、舆论引导和知识普及，不断强化农户的垃圾分类意识。在信息支持的技术维度，可以采取有重点逐级指导的技术措施。例如，在各村以村民小组为单位，选拔具有较强垃圾分类意识及热情的农户代表（包含村支两委、党员、妇联或者普通农户）首先进行知识传输及技术指导，再通过适宜的激励措施鼓励各垃圾分类农户代表进行各自垃圾分类指导工作，充分发挥各代表在垃圾分类宣传及指导中的"连天线""接地气"的关键作用。最后，将垃圾分类宣教及技术指导融入农村社区文娱、各民俗文化等活动中，通过丰富多彩的宣传教育及技术指导活动，提高农户的环境保护意识，引导农户对垃圾分类相关活动的关注进行垃圾分类行为决策。总之，政府还应充分挖掘农村社会资本的潜力，利用农户个体天然的从众动机，通过举行大量的垃圾分类相关政策知识宣传、技术培训活动以及实施各类奖惩措施等向农户暗示村域大多数成员对垃圾分类行为的遵从和认可，进而激发他们的垃圾分类意愿，推动广泛的公众参与。

（2）因地制宜完善农村生活垃圾分类奖惩措施，激发农户生活垃圾分类积极性

实证研究结果分析得出，激励措施对于农户参与生活垃圾分类的积极性发挥显著作用。因此，为了充分激发农户参与生活垃圾治理的积极性，政府应加强垃圾分类相关奖惩制度体系的建设和完善，鼓励农户积极参与生活垃圾分类，并对参与者和不参与者给予适当的奖励和处罚。例如，通过公益广告、公众活动等宣传教育方式、公示奖励补助、榜样学习、荣誉称号授予等激励方式以及定期告示通报、阶段性批评教育、适当罚款、取消公共福利等惩罚方式，奖惩结合充分发挥政府激励支持对农户生活垃圾分类行为选择的促进作用。此外，政府还应注重建立农户垃圾分类的"熟人社会"的垃圾分类舆论氛围，促使农户相互监督，发挥"熟人社会"对农户分类的激励作用。

（3）提升垃圾分类基础设施的支持以促进农户垃圾分类行为选择

依据实证研究结果，政府提供的垃圾分类基础设施建设维度的支持力度直接对农户参与垃圾分类行为产生显著的正向影响，并为农户营造良好的垃圾分类行为氛围，提升农户的环境保护意识而间接促进农户的垃圾分类行

为选择。因此，各级相关部门应从整体规划和完善各农村地区的基础设施建设着手，为农户垃圾分类行为提供便利的设施条件。例如，政府应该在协同治理框架下创新融资渠道，多方筹资，积极争取中央财政专项经费，提前做好资金收支预算，并逐步开展农村地区生活垃圾分类基础设施建设工作。根据各村寨的经济、社会、文化、人口等实际情况合理选择垃圾分类设施存放地，适当结合村寨民族文化特色设置垃圾分类收集容器及标语，可在类型相对统一的标准下，建设有本地特色又通俗易懂的垃圾分类基础设施，并通过创新媒体推介手段进行多频生动的宣传，营造"垃圾分类，人人参与"的浓厚氛围。此外，除了公共的垃圾分类基础设施外，政府可通过分类垃圾积分兑换或者其他奖励措施为垃圾分类做得好的家庭分发垃圾分类必备品，如垃圾袋、分类垃圾桶、一次性手套、洗衣液等，以奖带促，激发农户的垃圾分类热情。

8.2.2 培育农村社会资本，提高农户集体行动效率，挖掘农户生活垃圾分类行为潜力

实证分析结果表明，社会资本对农户参与生活垃圾分类有正向的显著影响，培育农户社会资本是提高农户集体行动效率，促进生活垃圾分类的重要途径。为发挥农村社会资本对垃圾分类行为集体行动的推动作用，必须通过农户的高频互动沟通，建立完善互惠共享的社会规范和提升农户间普遍信任。

（1）着力加强农村社会信任建设，提升村民信任水平

相关研究结合本书实证分析结果表明，农户的社会信任水平越高，农户参与生活垃圾分类的积极性越强。因此，村庄要致力于多举措建立农户之间的人际沟通网络，消除农户间的人际交往障碍，通过持续有效开展丰富多彩的文化交流活动，重塑农村社会信任建设体系，提升农户的社会信任水平。具体而言，可联动农村已有的组织资源，如成立农村基层社团组织或者妇联组织等，以及人才资源如乡村能人、有威望的老人和乡贤等积极开展形式多样、内容丰富的风俗文化活动，在活动中开展有关垃圾分类等环境保护活动，通过提供有吸引力的奖品激发农户参与的积极性，并设置各类趣味合作活动，增强农户间的情感联系，提升相互之间的信任度，消除村民在参与农

村生活垃圾治理过程中的"搭便车"心理，最终提升农户的参与意愿。不仅如此，农户的社会信任还体现在对村庄的信任以及垃圾分类相关制度的信任上。因此，村庄要高度重视垃圾各类工作，积极向农户传达有关垃圾分类的制度优势，并致力于村庄的经济发展与环境建设，努力争取多方资源，为农户争取环境红利，让农户感受到村庄全心全意为农户服务的宗旨，增强农户的社会信任度。

（2）积极发展农村社会网络规模，提高个人垃圾分类行动的参与率

实证结果表明，随着农户社会互动的增加，其参与生活垃圾分类行为逐渐上升。因此，积极发展社会网络规模对于提升农户垃圾分类行为的参与度尤为重要，且持续良好的社会网络可为农户间互惠与共享提供更好的机遇与平台。农户自身受社会网络影响而激发其参与生活垃圾分类等环境保护活动的内生动力，从而增强其垃圾分类行为选择意愿。具体措施为：可在借鉴城市社区平台建设经验的基础上，根据村庄的实际发展情况，利用现代信息技术手段结合传统信息平台建设优势创建农村地区生动有趣的社交网络平台，在平台积极推送有关垃圾分类行为的优势信息。搭建村民活动场所，定期开展各种形式不同级别的交流会，为农户间便利的交流互动以及资源互惠创造机会；培育村庄环境保护组织，为农户参与生活垃圾分类以及各类环境保护诉求提供信息渠道。最后，充分发挥农村"熟人社会"关系圈子的作用，通过树立垃圾分类榜样典范并在农户中进行多渠道的定期宣传报道，为农户参与生活垃圾分类营造良好的行动氛围。

（3）加强村民社区认同建设，提升社区归属感及凝聚力

实证结果表明，农户的社会认同每增加一个单位，农户参与较高程度生活垃圾分类行为的发生比提高22.4%，即社会认同度会促使个体行为从个体层面转移到集体层面，是产生行为投入的必要条件，对个体行为具有较强的影响和约束作用。群体对个体认同度越高，个体归属感越强，就越会关注农村垃圾分类相关等活动，也会积极参与垃圾分类。具体措施为：首先，重视村庄共同价值的形成，重塑农村社区服务体系，表现为村集体应该充分尊重农户偏好，发挥农户自治制度的优势，通过邀请农户代表共同参与生活垃圾分类模式和规章制度的制定及其他村庄事务开展计划等，激发农户的主人翁意识和公共

参与行动，培养和塑造村庄公共精神和优化现有服务体系。其次，重视村庄公共空间及环境保护相关文化建设，如开展民俗文化节等增强农户对所在村域的认同感。最后，积极培育农户垃圾分类道德义务感，大力开展"助人自助"的志愿服务工作，通过营造良好的村庄互助氛围增强农户的社会认同感、归属感，增强村集体的凝聚力，有助于克服垃圾分类集体行动困境而做出垃圾分类选择。

8.2.3 强化农户环境保护意识，增强农户垃圾分类关注度

实证研究表明，农户的环境保护意识和其对垃圾分类的关注度在农户参与生活垃圾分类行为中发挥中介调节作用。因此，村庄应高度重视对农户环境保护意识的培养。村庄可通过与政府、农村社区、公益组织、企业、各类学校及科研机构合作，同时结合良好的村域社会资本，开展形式多样的垃圾分类知识宣传及技术指导活动，强化农户的环境保护意识，通过高频新颖的活动激发农户的垃圾分类主动及被动关注度。例如，从垃圾分类的意义尤其是可持续性出发结合不分类的短期及长期后果，重点强调对农户最关心的土地资源、水资源、粮食生产及其身体健康等短期影响以及对子孙后代的长期影响，从而激发农户进行生态环境保护的内生动力，增强其环保意识，提升其环境关心度，培养农户良好的持续的生活垃圾分类行为。

8.2.4 其他建议

（1）提升农户主体地位，整合各方支持，分阶段激发农户垃圾分类积极性

现有文献研究表明，农村生活垃圾分类工作需要多主体协同共治，而农户是农村生活垃圾的源头分类者，其垃圾分类的参与积极性对农村生活垃圾分类工作成效起关键作用。因此，本书基于协同治理视角，结合实证分析结论，即政府支持、社会资本及农户个人环境感知对农户生活垃圾分类参与积极性的显著影响，构建"阶段式—协同—循环"垃圾分类互构治理新模式，以期分阶段从政府支持、社会资本维度出发提出提升农户参与生活垃圾分类积极性的政策建议，如图8-1所示。

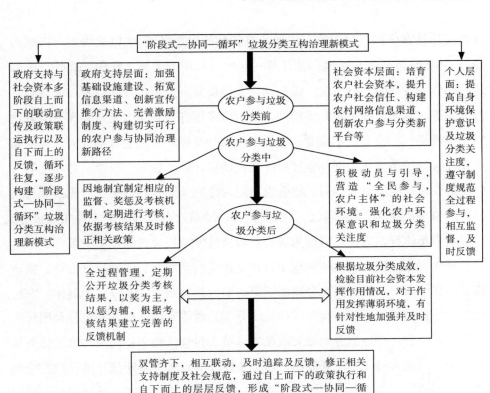

图8-1 "阶段式—协同—循环"垃圾分类互构治理新模式

（2）循序渐进，逐步实施垃圾分类各主体协同任务

根据本书实证分析的结果结合笔者走访调研的实际情况，目前贵州省农村地区农户参与生活垃圾分类情况欠佳，原因除了农户的积极性没有被充分调动起来，还存在实施过程中进度把控问题。基于本书构架的"阶段式—协同—循环"垃圾分类互构治理新模式以及实证分析结果，本章从以下几个阶段对各主体协同治理的重点方向及内容进行阐释。

首先，在垃圾分类实施各协同主体前期，在政府支持维度，政府要在充分调研的基础上，因地制宜出台相对统一又富有特色的垃圾分类顶层设计，明确各主体的参与路径及权责关系，有针对性地建立相对统一的垃圾分类相关体制机制，如整合全社会资源，搭建各主体参与创新平台，并建立长效持续的垃圾分类宣传教育体系；制定符合实地的有特色的奖惩措施，"以奖为主，以惩为辅"，并将垃圾分类与本地其他任务一起纳入相应的考核工作中。此外，政府还应加强各方面的支持力度，提前制订基础设施资金投入计划以及垃圾分类宣传计划等。总之，在垃圾分类前期，政府应多管齐下，加大支持力度，争取达到预期效果。在社会资本维度，各地区应充分发挥农村社会资本优势，可依据所在地区的民俗文化，制订年度村庄文化活动计划（如举行庙会、游花灯等），以促进农户间的交流与沟通，增强农户对村庄的认同感；鼓励农户积极参与到村庄的事务决策中，培养其公共服务精神；动员社会资源参与农村相关事务，增强农户集体行动力量。以期为农户营造良好的垃圾分类的社会氛围。

其次，在垃圾分类协同治理中，各主体应联动宣传、联动技术指导、联动监督。具体而言，政府要充分联结资源，引入相关企业、高校师生群体、农村社区、公益组织等开展新颖多样的垃圾分类公益等宣传活动，并充分利用村庄社会资本优势，将垃圾分类相关政策要求纳入村规民约中，同时将垃圾分类相关宣传活动融入村庄文化开展中。多元主体联动宣传，不断强化公民垃圾分类意识。同时，在前期充分调研的基础上，制订技术培训方案，政社联动，层层指导。具体而言，政府要做好垃圾分类的专业技术人员队伍建设工作，并按照村庄规范配备相应数量的垃圾分类技术人员。充分利用农村社会资本优势，先对乡村能人、党员、村支两委等人员进行垃圾分类技术指导，再对划定的村小组各村民进行培训。此外，对培训人员的选择要有针对性，可先对每户人家的主要进行垃圾分类的人员进行分类技术指导，再在户内进行传导。例如，可对家庭中主要从事家务劳动的人员进行培训，使其充分掌握垃圾分类技术，再通过政社联动宣传的层层传导，提高集体垃圾分类意识。在联动监督方面，政府应配备专门的监督人员并完善相应的监督机制，结合村社会资本优势联动其他各主体进行"硬性"及"软性"监督，即从制度层面和道德层面对农户垃圾分类行为进行被动及主动监督。

最后，在垃圾分类协同治理后期，各主体要积极交流，结合自身优势，因地制宜联动探索农村生活垃圾分类的激励、考核及反馈机制等。

（3）多举措并行，构建切实可行的农户参与机制

依据前文的分析，农户参与生活垃圾分类的积极性是农村生活垃圾分类实

施成效的关键因素。因此，在前文提出的提升农户主体地位、不断强化其参与生活垃圾分类的主动意识的基础上，各主体应协同联动，多举措并行构建切实可行的农户参与机制。例如，乡政府在制定垃圾分类相关工作方案、激励措施及考核办法等文件时，应充分调研，直接或间接引导农户参与农村生活垃圾治理制度的制定、执行和管理，在平等参与的过程中逐渐由被动参与转向主动参与，从而提升农户参与分类治理的偏好和积极性。

此外，搭建农户参与决策便利平台，并定期召开民主会议，广泛听取农户的心声，结合农户的意见和建议，在充分尊重农户意见的基础上开展农村生活垃圾分类工作。

最后，应积极探索农村生活垃圾分类反馈机制，搭建农户生活垃圾分类反馈平台，为农户对所在村庄垃圾分类实施效果提供实时建议，以及时调整农村生活垃圾分类工作方向。

（4）优势互构：推进政府支持与农村社会资本合作共赢

除需要政府的信息、技术以及制度等支持外，还应积极引导社会资本参与农村生活垃圾分类治理领域，优势互构，推进政府支持与社会资本在驱动农户参与生活垃圾分类行为激励问题上合作共赢。尤其，要充分发挥农村"熟人社会"的资本优势，积极探索与农村社会经济特征相契合的垃圾分类激励政策建议。具体而言，要优化农村的社会网络，增强村民的社会信任，以拓宽各项激励措施的传输范围。政府应积极引导各村开展丰富多彩的村寨文化活动，增加农户的社会网络互动频率。通过定期展示村庄建设发展成果，增强农户的社会信任。高度的社会信任以及高频的社会互动，有助于政府各项奖惩措施在农户中传输，进而激励或者约束农户的垃圾分类行为，推进农村生活垃圾分类持续有效开展。

8.3 进一步研究展望

在协同治理视角下对农村生活垃圾分类中农户的参与行为进行研究，是极具现实意义的工作。笔者希望通过此研究揭示在农村生活垃圾分类农户参与行为选择中，政府支持、社会资本及农户自身垃圾分类行为选择影响的驱动机理及协同路径。然而，由于笔者能力有限，对农村生活垃圾分类中农户参与行为研究还存在以下不足，有待进一步完善。

在样本选择上：本书调研对象选择贵州省各地州市的农村地区，依据884份有效问卷对研究主体进行定性和定量研究，虽然能够较好地说明贵州省农村地区农户样本的基本情况，所采用统计研究方法也能基本满足样本的要求，但是调研样本还是存在一定的区域性分布问题，单纯地分析贵州省经济相对落后地区农户垃圾分类行为及其各参与主体的驱动影响机理并不能完全反映全国农村地区农户参与垃圾分类的现状与差异，调查样本还有一定的拓展空间。不仅如此，贵州省农村地区垃圾分类运行机制相对滞后，政府支持力度也存在地区差异，研究会在一定程度上削弱政府支持在农户参与生活垃圾分类中的驱动作用。此外，贵州省农村地区发展并不均衡，农户素质存在的个体差异、"空巢化"现象普遍等问题使得不同区域的生活垃圾分类的现实条件有一定差异。因此，探索在运行机制相对成熟的情况下政府支持、社会资本及农户之间的协同驱动机理是需要进一步研究的问题。

在研究内容上：其一，贵州省属于各类型少数民族聚集地区，不同民族、不同风俗文化的差异性导致农户之间存在一定的异质性，农户异质性使农户出现行为和动机差异，因此本书在协同治理视角下政府支持、社会资本驱动影响机理分析中，缺乏对农户异质性的考量，这为下一步研究提供了方向。其二，目前贵州省农村地区生活垃圾分类协同治理运行机制尚未完全建立，市场化程度较低，因此，本书先选择协同治理的三个主体进行研究，没有对所有参与治理的主体进行综合研究。因此，未来的研究中会将市场这一治理主体纳入农户参与生活垃圾分类的协同治理框架，重点分析市场主体对农户参与生活垃圾分类行为的驱动影响机理及其与政府、社会资本和农户个人环境感知对农户参与行为的共同作用机理。

在驱动因素探索及其量表开发上：农户的垃圾分类行为具有一定的复杂性，农户是否选择参与垃圾分类可能受某个因素单独影响，也可能受制于多因素的综合驱动。本书是在相关文献基础上，运用定性的方法进行理论阐释并构建驱动农户生活垃圾分类行为的内外部综合因素框架以进行定量实证分析，并依据研究框架从政府支持和社会资本维度出发开发了符合贵州省省情的调研量表，虽然经过预试调研和正式调研检验了量表的有效性，但研究还存在一定的主观性，亦不能涵盖所有驱动因素，如农户的数字素养驱动以及信息技术水平对农户的驱动影响机理等，后续研究可以考虑采用行为实验法等进行深入探究。

在研究模型拓展上：本书主要运用有序多分类 Logistics 模型对政府支持、社会资本及个人环境感知对农户参与生活垃圾分类行为的驱动机理进行研究。在因变量的设置上，将农户的参与行为分为严格分类、简单分类和不分类三个类型，研究有待进一步精准。未来可将农户的分类行为进行类型化处理，将农户的分类行为界定为冷漠型（低意愿无行为）、被动型（低意愿有行为）、空想型（高意愿无行为）及主动型（高意愿有行为）四个象限类型并建构各协同治理主体对农户参与农村生活垃圾分类行为的类型学模式，并运用 Logistics 模型进行实证分析，进一步分析各参与意愿情况下农户参与行为强弱更深层次的影响因素，以提出更精准的政策建议。

在研究区域上：本书的调查基于贵州省农村地区的样本，研究结论对我国其他农村农户是否适用有待后续考察。农户是否愿意参与生活垃圾分类是一个受多方因素影响的复杂过程。除本书检验的政府支持、社会资本及环境感知三个维度外，可能还存在其他驱动因素，如技术进步与农户的数字化水平等对农户垃圾分类行为选择效果的影响值得重点关注。

参考文献

[1] 毛春梅，蔡阿婷．农村垃圾共生治理：现实挑战、实践机理与路径优化 [J].农林经济管理学报，2020，19（6）：761-768.

[2] 林龙飞，李睿，陈传波．从污染"避难所"到绿色"主战场"：中国农村环境治理 70 年 [J].干旱区资源与环境，2020，34（7）：30-36.

[3] 贾亚娟，赵敏娟，夏显力，等．农村生活垃圾分类处理模式与建议 [J].资源科学，2019，41（2）：338-351.

[4] 滕玉华，吴素婷，范世晶，等．基于解释结构模型的农村居民生活自愿亲环境行为发生机制研究 [J].干旱区资源与环境，2022，36（11）：34-40.

[5] 申静，渠美，郑东晖，等．农户对生活垃圾源头分类处理的行为研究——基于 TPB 和 NAM 整合框架 [J].干旱区资源与环境，2020，34（7）：75-81.

[6] 苏敏，冯淑怡，陆华良，等．农户参与农村生活垃圾治理的行为机制——基于大五人格特质的调节效应 [J].资源科学，2021，43（11）：2236-2250.

[7] 李鹏杰．社会资本视角下农户参与农村生活垃圾合作治理行为研究 [D].焦作：河南理工大学，2019.

[8] 贾亚娟，赵敏娟．生活垃圾污染感知、社会资本对农户垃圾分类水平的影响——基于陕西 1374 份农户调查数据 [J].资源科学，2020，42（12）：2370-2381.

[9] 贾亚娟，赵敏娟．环境污染感知对农村居民生活垃圾源头分类意愿的影响——兼论责任意识的中介效应 [J].江苏大学学报（社会科学版），2022，24（4）：54-65，124.

[10] 齐二石，田野，刘亮．基于知识图谱的互联网商业模式研究可视化分析 [J].科技管理研究，2018，38（4）：190-196.

[11] 阿斯别克．行动者互动：城市社区垃圾分类政策执行效果差异的一种解释 [D].杭州：浙江大学，2019.

［12］Gellers E S. *Preserving the Environment：New Strategies for Behavior Change*. New York：Pergamon Press，1982.

［13］Lunde T. "The Impact of Source Separation，Recycling and Mechanical Processing on MSW Conversion to Energy Activity". *Biomass & Bioenergy*，V01. 9，No. 1-5，1995.

［14］李玉敏，白军飞，王金霞，等. 农村居民生活固体垃圾排放及影响因素 ［J］. 中国人口·资源与环境，2012，22（10）：63-68.

［15］曲英. 城市居民生活垃圾源头分类行为的理论模型构建研究 ［J］. 生态经济，2009，219（12）：135-141.

［16］鲁先锋. 垃圾分类管理中的外压机制与诱导机制 ［J］. 城市问题，2013，210（1）：86-91.

［17］Fehr M，Santos F C. "Source Separation-driven Reverse Logistics in MSW Management" . *Environment Systems & Decisions*，Vol. 33，No. 2，2013.

［18］Jank A，Müller W，Schneider I，et al. "Waste Separation Press（WSP）：A Mechanical Pretreatment Option for Organic Waste from Source Separation". *Waste Management*，Vol. 39，No. 18，2015.

［19］张中华. 我国城市生活垃圾分类的政策工具研究 ［D］. 济南：山东大学，2017.

［20］Areeprasert C，Kaharn J，Inseemeesak B，et al. A Comparative Study on Characteristic of Locally Source-separated and Mixed MSW in Bangkok with Possibility of Material Recycling. *Journal of Material Cycles & Waste Management*，2017.

［21］马莺. 政府支持、感知价值与农户生活垃圾治理行为研究 ［D］. 咸阳：西北农林科技大学，2021.

［22］贾亚娟. 社会资本、环境关心与农户参与生活垃圾分类治理的选择偏好研究 ［D］. 咸阳：西北农林科技大学，2021.

［23］刘浩，吕杰，韩晓燕. 互联网使用对农户生活垃圾分类处理意愿的影响研究——来自 CLDS 的数据分析 ［J］. 农业现代化研究，2021，42（5）：909-918.

［24］韩洪云，张志坚，朋文欢.社会资本对居民生活垃圾分类行为的影响机理分析［J］.浙江大学学报（人文社会科学版），2016，46（3）：164-179.

［25］鲁圣鹏，杜欢政，李雪芹.从碎片化到协同：中国农村生活垃圾治理之路［J］.世界农业，2018（9）：226-231.

［26］许骞骞，王成军，张书赫.农户参与对农村生活垃圾分类处理效果的影响［J］.农业资源与环境学报，2021，38（2）：223-231.

［27］Samuelson P A.The Pure Theory of Public Expenditure.*The Review of Economics and Statistics*，2007.

［28］Debra Siniard Stinnett. "10 Steps To Planning A Rural Regional Recycling Strategy". *World Wastes*， Vol. 12， 1996.

［29］Gregory J. Howard. "Garbage Laws and Symbolic Policy： Governmental Responses to the Problem of Waste in the United States". *Criminal Justice Policy Review*， Vol. 10， No.2， 1999.

［30］Pepper D Culpepper. *Institutional Rules，Social Capacity，and the Stuff of Politics：Experiments in Collaborative Governance in France and Italy.* Cambridge： Harvard University， 2003.

［31］P.Costi. "An Environmentally Sustainable Decision Model for Urban Solid Waste Management".*Waste Management*，Vol.12， 2004.

［32］Simon Zadek. *The Logic of Collaborative Governance： Corporate Responsibility，Accounta-bility，and the Social Contract.*Cambridge： Harvard University， 2006.

［33］Chris Ansell，Alison Gash. "Collaborative Governance in Theory and Practice". *Journal of Public Administration Research and Theory*，No. 18， 2007.

［34］Naushad Kollikkathara，Huan Feng，Eric Stern. "A Purview of Waste Management Evolution：Special Emphasis on USA". *Waste Management*，Vol.29， 2008.

［35］岳金柱.治理视角下的社区垃圾分类处理——从源头破解垃圾围城与污

染的治本之策 [J]. 城市管理与科技，2010，12（6）：26-29.

［36］关健. 北京市王平镇农村生活垃圾治理机制研究 [D]. 北京：北京林业大学，2016.

［37］Tooraj Jamasb and Rabindra Nepal. "Issues and Options in Waste Management：A Social Cost-benefit Analysis of Waste-to-energy in the UK". *Resources，Conservation and Recycling*，Vol.54，No.12，2010.

［38］郎付山，许增巍. 河南省农村基本环境公共服务多中心供给机制研究——以河南省农村生活垃圾集中处理为例 [J]. 农村经济与科技，2014，25（6）：12-13，11.

［39］朱明贵. 农村居民生活垃圾的合作治理研究 [D]. 南宁：广西大学，2014.

［40］黄志强. 苏州市区生活垃圾分类现状及对策研究 [D]. 杭州：苏州大学，2014.

［41］王树文，文学娜，秦龙. 中国城市生活垃圾公众参与管理与政府管制互动模型构建 [J]. 中国人口·资源与环境，2014，24（4）：142-148.

［42］梁巧灵. 桂西地区农村生活垃圾治理研究 [D]. 南宁：广西大学，2015.

［43］吕维霞，杜娟. 日本垃圾分类管理经验及其对中国的启示 [J]. 华中师范大学学报（人文社会科学版），2016，55（1）：39-53.

［44］游文佩. 村民自主治理视角下农村垃圾治理探析 [D]. 济南：山东大学，2016.

［45］文娇慧. 农村生活垃圾治理及"合作社"模式运行机制问题研究——以湖南省长沙县果园镇为例 [J]. 农村经济与科技，2017，28（12）：1-2.

［46］韩振燕，隋爽. 农村垃圾治理存在的问题及对策分析 [J]. 经济研究导刊，2017（7）：17-20.

［47］蒋培. 规训与惩罚：浙中农村生活垃圾分类处理的社会逻辑分析 [J]. 华中农业大学学报（社会科学版），2019（3）：103-110，163-164.

［48］张婧怡，薛立强. 农村生活垃圾治理模式研究——以首批农村生活垃圾治理示范县为例 [J]. 黑龙江科学，2019，10（24）：160-161.

［49］贾亚娟，赵敏娟. 环境关心和制度信任对农户参与农村生活垃圾治理意愿的影响 [J]. 资源科学，2019，41（8）：1500-1512.

［50］门金轲 . 中部地区农村垃圾处理的现状、问题与治理对策［J］. 经济研究
　　　 导刊，2019（11）：59-61.

［51］胡溢轩，童志锋 . 环境协同共治模式何以可能：制度、技术与参与——以
　　　 农村垃圾治理的"安吉模式"为例［J］. 中央民族大学学报（哲学社会科
　　　 学版），2020，47（3）：88-97.

［52］方堃，姜闻远，陈祎琳，等 . 我国电子商务快递包装垃圾治理的立法应
　　　 对［J］. 贵州大学学报（社会科学版），2020，38（1）：95-103.

［53］Hopper J R，Nielsen J M. "Recycling as Altruistic Behavior： Normative
　　　 and Behavioral Strategies to Expand Participation in a Community Recycling
　　　 Program". *Environmental Psychology and Nonverbal Behavior*，Vol.23，
　　　 No.2，1991.

［54］Guagnanao G A，Stern P C，Dietz T. "Influences on Attitude Behavior
　　　 Telationships： A Natural Experiment With Curbside Recycling". *Environment
　　　 and Behavior*，Vol.27，No.5，1995.

［55］Nahapiet J，Ghoshal S. "Social Capital，Intellectual Capital，and the
　　　 Organizational Advantage". *The Academy of Management Review*，Vol.23，
　　　 No.2，1998.

［56］Mesharch W，Mol P A，Burger K. "The Operations and Effectiveness of
　　　 Public and Private Provision of Solid Waste Collection Services in Kampala".
　　　 Habitat International，Vol.36，No.2，2011.

［57］Lee S，Paik S H. "Korean Household Waste Management and Recycling
　　　 Behavior". *Building and Environment*，Vol.46，No.5，2010.

［58］Ostrom E. *Governing the Commons： The Evolution of Institutions for
　　　 Collective Action*. Cambridge，1990.

［59］Wayne S J，Liden R C. "Perceived Organizational Support and Leader-
　　　 Member Exchange： A Social Exchange Perspective". *Academy of
　　　 Management Journal*，Vol.40，No.1，1997.

［60］Stamper C L，Dyne L V. "Work Status and Organizational Citizenship
　　　 Behavior：A Field Study of Restaurant Employees". *Journal of*

Organizational Behavior，Vol.22，No.5，2001.

［61］叶岚，陈奇星.城市生活垃圾处理的政策分析与路径选择——以上海实践为例［J］.上海行政学院学报，2017，18（2）：69-77.

［62］Callan，Thomas. Analyzing Demand for Disposal and Recycling Services：A Systems Approach. *Eastern Economic Journal*，Vol.32，No.2，2006.

［63］曲英，朱庆华.居民生活垃圾循环利用影响因素及关系模型［J］.管理学报，2008（4）：555-560.

［64］曲英，朱庆华.情境因素对城市居民生活垃圾源头分类行为的影响研究［J］.管理评论，2010，22（9）：121-128.

［65］邓俊，徐琬莹，周传斌.北京市社区生活垃圾分类收集实效调查及其长效管理机制研究［J］.环境科学，2013，34（1）：395-400.

［66］杨金龙.农村生活垃圾治理的影响因素分析——基于全国90村的调查数据［J］.江西社会科学，2013，33（6）：67-71.

［67］Van Riper C J, Kyle G T."Understanding the Internal Processes of Behavioral Engagement in a National Park：A Latent Variable Path Analysis of the Value-belief-norm Theory". *Journal of Environmental Psychology*，Vol.38，2014.

［68］黄志强.苏州市区生活垃圾分类现状及对策研究［D］.苏州：苏州大学，2014.

［69］何兴邦.社会互动与公众环保行为——基于CGSS（2013）的经验分析［J］.软科学，2016，30（4）：98-100，110.

［70］王学婷，张俊飚，何可，等.农村居民生活垃圾合作治理参与行为研究：基于心理感知和环境干预的分析［J］.长江流域资源与环境，2019，28（2）：459-468.

［71］孙前路，房可欣，刘天平.社会规范、社会监督对农村人居环境整治参与意愿与行为的影响——基于广义连续比模型的实证分析［J］.资源科学，2020，42（12）：2354-2369.

［72］司瑞石，陆迁，张淑霞.环境规制对养殖户病死猪资源化处理行为的影响——基于河北、河南和湖北的调研数据［J］.农业技术经济，2020，303

（7）：47-60.

［73］聂峥嵘，罗小锋，唐林，等.社会监督、村规民约与农民生活垃圾集中处理参与行为——基于湖北省的调查数据［J］.长江流域资源与环境，2021，30（9）：2264-2276.

［74］李文欢，王桂霞.社会资本对农户养殖废弃物资源化利用技术采纳行为的影响——兼论环境规制政策的调节作用［J］.农林经济管理学报，2021，20（2）：199-208.

［75］刘霁瑶，贾亚娟，池书瑶，等.污染认知、村庄情感对农户生活垃圾分类意愿的影响研究［J］.干旱区资源与环境，2021，35（10）：48-52.

［76］问锦尚，张越，方向明.“源头分类”视角下农村生活垃圾治理的有效路径——基于全国五省的调查分析［J］.农村经济，2021（3）：26-33.

［77］张欣悦.农村生活垃圾分类影响因素研究综述［J］.质量与市场，2022（6）：190-192.

［78］康佳宁，王成军，沈政，等.农民对生活垃圾分类处理的意愿与行为差异研究——以浙江省为例［J］.资源开发与市场，2018，34（12）：1726-1730，1755.

［79］祝蓬希.基于绿色发展理念的农村生活垃圾分类治理研究［D］.舟山：浙江海洋大学，2019.

［80］杨朔，肖檬.家庭结构老龄化对村民生活垃圾分类意愿的影响——基于社会信任的调节作用［J/OL］.开发研究：1-13［2023-03-09］.

［81］Geneviève J，Denis C.“The Moderating Influence of Perceived Organizational Values on the Burnout-Absenteeism Relationship”. *Business and Psychology*，Vol.30，No.1，2015.

［82］Eisenberger R，Huntington R，Hutchison S，et al.“Perceived Organizational Support”. *Journal of Applied Psychology*，Vol.71，1986.

［83］Eisenberger RUD，Cummings J，Armeli S，et al.“Perceived Organizational Support，Discretionary Treatment，and Job Satisfaction”. *Journal of Applied Psychology*，Vol.82，No.5，1997.

［84］Mc Millin R. Customer Satisfaction and Organizational Support for Service

Providers. University of Florida，1997.

［85］Widegren O. "The New Environmental Paradigm and Personal Norms." *Environmental Psychology and Nonverbal Behavior*，Vol.30，No.1，1998.

［86］唐家富，马鸿发，张建.城市生活垃圾资源化利用探讨［J］.再生资源研究，2000（4）：31-33.

［87］Shore L M, Wayne S J. "Commitment and Employee Behavior: Comparison of Affective Commitment and Continuance Commitment with Perceived Organizational Support". *Journal of Applied Psychology*，Vol.78，No.5，1993.

［88］Knussen C，Yule F，Mac Kenzie J，et al. "An Analysis of Intentions to Recycle Household Waste：The Roles of Past Behaviour, Perceived Habit, and Perceived Lack of Facilities（Article）". *Journal of Environmental Psychology*，Vol.24，No.2，2004.

［89］Callan S J. Thomas J M "Analyzing Demand for Disposal and Recycling Services：A Systems Approach". *Eastern Economic Journal*，Vol.32，No.2，2006.

［90］崔宝玉，张忠根.农村公共产品农户供给行为的影响因素分析——基于嵌入性社会结构的理论分析框架［J］.南京农业大学学报（社会科学版），2009，9（1）：25-31.

［91］何可，张俊飚，田云.农业废弃物资源化生态补偿支付意愿的影响因素及其差异性分析——基于湖北省农户调查的实证研究［J］.资源科学，2013，35（3）：627-637.

［92］蔡卫星，高明华.政府支持、制度环境与企业家信心［J］.北京工商大学学报（社会科学版），2013，28（5）：118-126.

［93］张旭吟，王瑞梅，吴天真.农户固体废弃物随意排放行为的影响因素分析［J］.农村经济，2014（10）：95-99.

［94］陈绍军，李如春，马永斌.意愿与行为的悖离：城市居民生活垃圾分类机制研究［J］.中国人口·资源与环境，2015，25（9）：168-176.

［95］李曼.广州市某大学生活垃圾分类实施现况及其影响因素研究［D］.广

州：暨南大学，2015.

[96] 林星，吴春梅.政府支持对农民合作社规范化的影响[J].学习与实践，2018（11）：114-121.

[97] Ankinée K. One Without the Other？ Behavioural and Incentive Policies for Household Waste Management .*Environmental Economics and Sustainability*，2017.

[98] 钱坤.从激励性到强制性：城市社区垃圾分类的实践模式、逻辑转换与实现路径[J].华东理工大学学报（社会科学版），2019，34（5）：83-91.

[99] 盖豪，颜廷武，张俊飚.感知价值、政府规制与农户秸秆机械化持续还田行为——基于冀、皖、鄂三省1288份农户调查数据的实证分析[J].中国农村经济，2020，428（8）：106-123.

[100] 尚虎平，孙静.失灵与矫治：我国政府绩效"第三方"评估的效能评估[J].学术研究，2020（7）：50-58，177.

[101] 徐林，凌卯亮，卢昱杰.城市居民垃圾分类的影响因素研究[J].公共管理学报，2017，14（1）：142-153，160.

[102] 曾杨梅.环境规制、社会规范与畜禽规模养殖户清洁生产行为研究[D].武汉：华中农业大学，2020.

[103] 李全鹏，温轩.农村生活垃圾问题的多重结构：基于环境社会学两大范式的解析[J].学习与探索，2020，295（2）：36-42.

[104] 张子涵.环境规制对养殖户废弃物资源化利用行为影响研究[D].咸阳：西北农林科技大学，2021.

[105] 姜利娜，赵霞.制度环境如何影响村民的生活垃圾分类意愿——基于京津冀三省市村民的实证考察[J].经济社会体制比较，2021，217（5）：139-151.

[106] 李冬青，侯玲玲，闵师，等.农村人居环境整治效果评估——基于全国7省农户面板数据的实证研究[J].管理世界，2021，37（10）：182-195，249-251.

[107] 王建华，钭露露，王缘.环境规制政策情境下农业市场化对畜禽养殖废弃物资源化处理行为的影响分析[J].中国农村经济，2022，445（1）：

93-111.

［108］Bourdieu P. *The Forms of Capital*. Oxford：Blackwell Publishers Ltd，1986.

［109］Hanifan L J."The Rural School Community Center". *Annals of the American Academy of Political & Social Science*，Vol.67，No.1，1916.

［110］Coleman J S.Coleman "Social Capital in the Creation of Human Capital"，*American Journal of Sociology*，Vol.94，1988.

［111］Ostrom E. *Governing the Commons：The Evolution of Institutions for Collective Action*. Cambridge University Press，1990.

［112］Uphoff N. *Learning from Gal Oya：Possibilities for Participatory Development and Post-Newtonian Social Science*. Ithaca，New York：IT Publications，1992.

［113］Putnam R D."The Prosperous Community：Social Capital and Public Iife". *American Prospect*，Vol.13，No，13，1993.

［114］Putman R D Leonardi R，Nanetti R Y. *Making Democracy Work：Civic Traditions in Modern Italy*. Princeton：Princeton University Press，1994.

［115］Nahapiet J，Ghoshal S. "Social Capital，Intellectual Capital，and the Organizational Advantage".*Academy of Management Review*，Vol.23，No.2，1998.

［116］Cohen M A. "Monitoring and Enforcement of Environmental Policy". in T. Tietenberg & H Folmer（eds.）International Yearbook of Environmental and Resource Economics，Cheltenham，UK：Edward Elgar，1999.

［117］Durlauf S N，Fafchamps M. *Empirical Studies of Social Capital：A Critical Survey*. Mimeo：University of Wisconsin，2003.

［118］刘春霞.乡村社会资本视角下中国农村环保公共品合作供给研究［D］.长春：吉林大学，2016.

［119］党亚飞.社会资本对农民环保行为的影响研究——基于全国263个村庄3844户农民的调查数据［J］.山西农业大学学报（社会科学版），2019，18（6）：62-69.

[120] 毛馨敏，黄森慰，王翊嘉. 社会资本对农户参与环境治理意愿的影响——基于福建农村环境连片整治项目的调查 [J]. 石家庄铁道大学学报（社会科学版），2019，13（1）：40-47.

[121] 唐林，罗小锋，张俊飚. 社会监督、群体认同与农户生活垃圾集中处理行为——基于面子观念的中介和调节作用 [J]. 中国农村观察，2019（2）：18-33.

[122] 刘春丽，刘梦梅. 社会资本理论视角下农村生活垃圾治理的路径探析 [J]. 北京化工大学学报（社会科学版），2020（4）：32-38.

[123] 贾亚娟，赵敏娟. 农户生活垃圾分类处理意愿及行为研究——基于陕西试点与非试点地区的比较 [J]. 干旱区资源与环境，2020，34（5）：44-50.

[124] 郭清卉，李世平，南灵. 环境素养视角下的农户亲环境行为 [J]. 资源科学，2020，42（5）：856-869.

[125] 张郁，万心雨. 个体规范、社会规范对城市居民垃圾分类的影响研究 [J]. 长江流域资源与环境，2021，30（7）：1714-1723.

[126] 杜雯翠，万沁原. 社会资本对公众亲环境行为的影响研究——来自 CGSS2013 的经验证据 [J]. 软科学，2022，36（11）：59-64，80.

[127] 张怡，郤雪婷，张利民，等. 社会资本对农村居民生活垃圾分类的影响研究 [J]. 农业现代化研究，2022，43（6）：1066-1077.

[128] Martin, M. Williams, I.D.Clark, M. "Social, Cultural and Structural Influences on Household Waste Recycling: A Case Study". *Resources Conservation and Recycling*, Vol.48, No.4, 2006.

[129] Corral-Verdugo, V. "Environmental Psychology in Latin America: Efforts in Critical Situations". *Environment and Behavior*, Vol.29, No.2, 1997.

[130] Hernandez O, Rawlins B, Schwartz R. "Voluntary Recycling in Quito : Factors Associated with Participation in a Pilot Programme. *Environment and Urbanization*, Vol.11, No.2, 1999.

[131] 孙岩，宋金波，宋丹荣. 城市居民环境行为影响因素的实证研究 [J]. 管理学报，2012，9（1）：144-150.

［132］Barr S. "Strategies for Sustainability Citizens and Responsible Environmental Behavior". *Area*, Vol.35, No.9, 2003.

［133］王翊嘉，左孝凡，黄森慰. 情境因素、政策与农民生活垃圾分类研究［J］. 世界农业，2018（10）：87-93.

［134］彭远春，毛佳宾. 行为控制、环境责任感与城市居民环境行为——基于2010CGSS 数据的调查分析［J］. 中南大学学报（社会科学版），2018，24（1）：143-149.

［135］王瑛，李世平，谢凯宁. 农户生活垃圾分类处理行为影响因素研究——基于卢因行为模型［J］. 生态经济，2020，36（1）：186-190，204.

［136］林丽梅，韩雅清. 社会资本、农户分化与村庄集体行动——以农户参与农田水利设施建设为例［J］. 资源开发与市场，2019，35（4）：527-532.

［137］姜利娜，赵霞. 制度环境如何影响村民的生活垃圾分类意愿——基于京津冀三省市村民的实证考察［J］. 经济社会体制比较，2021（5）：139-151.

［138］王家胜. 价值观念、社会资本与居民环保行为［D］. 杭州：浙江大学，2020.

［139］吕维霞，王超杰. 动员方式、环境意识与居民垃圾分类行为研究——基于因果中介分析的实证研究［J］. 中国地质大学学报（社会科学版），2020，20（2）：103-113.

［140］张倩. 论社交网络使用与社会资本获得的关系［D］. 重庆：西南大学，2013.

［141］段存儒，丁蔓，王华，等. 社会资本、政府满意度与居民大气环境支付意愿——基于石家庄市的调查数据［J］. 干旱区资源与环境，2022，36（4）：15-23.

［142］贾亚娟，赵敏娟. 农户生活垃圾源头分类选择偏好研究——基于社会资本、环境关心的双重视角［J］. 干旱区资源与环境，2021，35（10）：40-47.

［143］左才. 公众参与：中西理论与实践比较［J］. 中央社会主义学院学报，

2022（1）：57-67.

［144］费秀杰.网络化治理理论视角下农村生活垃圾治理问题研究［D］.沈阳：辽宁大学，2021.

［145］刘晓.协同治理视角下农村人居环境治理问题研究［D］.泰安：山东农业大学，2021.

［146］杜焱强，刘平养，吴娜伟.政府和社会资本合作会成为中国农村环境治理的新模式吗？——基于全国若干案例的现实检验［J］.中国农村经济，2018（12）：67-82.

［147］唐林，罗小锋，张俊飚.环境政策与农户环境行为：行政约束抑或是经济激励——基于鄂、赣、浙三省农户调研数据的考察［J］.中国人口·资源与环境，2021，31（6）：147-157.

［148］陈定业.我国私营企业进入自然垄断行业的壁垒与竞争政策研究［D］.武汉：武汉理工大学，2008.

［149］罗惠娟.城市供水价格规制及实证研究［D］.杭州：浙江大学，2008.

［150］姜利娜，赵霞.制度环境如何影响村民的生活垃圾分类意愿——基于京津冀三省市村民的实证考察［J］.经济社会体制比较，2021（5）：139-151.

［151］顾锋娟，胡楠.基于外部性理论探索城市社区治理改革创新思路——以环境治理为例［J］.中共宁波市委党校学报，2016，38（4）：124-128.

［152］刘丁慧弘.财政补贴、税收优惠对农业企业绩效的影响研究［D］.上海：上海海洋大学，2018.

［153］郝亮，汪明月，贾蕾，等.弥补外部性：从环境经济政策到绿色创新体系——兼论应对中国环境领域主要矛盾的转换［J］.环境与可持续发展，2019，44（3）：50-55.

［154］郑兆峰，朱润云，路遥，等.农户地膜回收意愿和行为的影响因素研究［J］.生态经济，2021，37（2）：202-208.

［155］黄天棋.地方文化遗产资源保护开发中的政府行为研究［D］.苏州：苏州大学，2019.

［156］胡斌，杨旋，王建恩，等.农村生活垃圾分类模式探讨［J］.环境科学与

技术，2019，42（S1）：85-88.

[157] 王维，熊锦.我国农村生活垃圾治理研究综述及展望 [J].生态经济，2020，36（11）：195-201.

[158] 贾亚娟，赵敏娟.生活垃圾分类治理：基于选择实验法的阳光堆肥房农户合作偏好 [J].中国人口·资源与环境，2021，31（4）：108-117.

[159] 廖丽萍.农村生活垃圾分类治理探讨 [J].合作经济与科技，2022（9）：178-180.

[160] 陈娟风，孟存鸽.农村生活垃圾治理的困境与完善路径——以甘肃省渭源县为例 [J].云南农业大学学报（社会科学版），2022，16（1）：71-77.

[161] 王晓楠.阶层认同、环境价值观对垃圾分类行为的影响机制 [J].北京理工大学学报（社会科学版），2019，21（3）：57-66.

[162] 丁志华，张鑫，王亚维.信息激励对垃圾分类意愿的影响研究 [J].中国矿业大学学报（社会科学版），2022，24（6）：87-100.

[163] 张莉萍，张中华.城市生活垃圾源头分类中居民集体行动的困境及克服 [J].武汉大学学报（哲学社会科学版），2016，69（6）：50-56.

[164] 范睿.农民环境意识及其对农村生态环境的影响 [J].中国证券期货，2011（12）：181.

[165] 黄祖辉，徐旭初，冯冠胜.农民专业合作组织发展的影响因素分析——对浙江省农民专业合作组织发展现状的探讨 [J].中国农村经济，2002（3）：13-21.

[166] 吴正祥，郭婷婷.信息干预视角下闲置物品回收行为的溢出效应研究 [J].中央财经大学学报，2020，394（6）：81-90.

[167] 冯林玉，秦鹏.生活垃圾分类的实践困境与义务进路 [J].中国人口·资源与环境，2019，29（5）：118-126.

[168] 孙其昂，孙旭友，张虎彪.为何不能与何以可能：城市生活垃圾分类难以实施的"结"与"解" [J].中国地质大学学报（社会科学版），2014，14（6）：63-67.

[169] 问锦尚，张越，方向明.城市居民生活垃圾分类行为研究——基于全国

五省的调查分析 [J].干旱区资源与环境，2019，33（7）：24-30.

[170] 姜佳玮，刘海霞，王艺臻.农村土地流转的现状及相应对策——基于湖北省鄂州市华容区 20 个村组的调查 [J].经济师，2015（5）：73-74，96.

[171] 郑云辰，葛颜祥，接玉梅，等.流域多元化生态补偿分析框架：补偿主体视角 [J].中国人口·资源与环境，2019，29（7）：131-139.

[172] 赵雪雁.社会资本测量研究综述 [J].中国人口·资源与环境，2012，22（7）：127-133.

[173] 刘晓峰，梁佳.国外城市垃圾管理经验及启示 [J].商业经济，2012，393（5）：14-15.

[174] 张伟明，刘艳君.社会资本、嵌入与社会治理——来自乡村社会的调查研究 [J].浙江社会科学，2012（11）：60-66，157.

[175] 郭利京，王颖.农户生物农药施用为何"说一套，做一套"？[J].华中农业大学学报（社会科学版），2018，136（4）：71-80，169.

[176] 祁毓，卢洪友，吕翅怡.社会资本、制度环境与环境治理绩效——来自中国地级及以上城市的经验证据 [J].中国人口·资源与环境，2015，25（12）：45-52.

[177] 车四方，谢家智，姚领.社会资本、农村劳动力流动与农户家庭多维贫困 [J].西南大学学报（社会科学版），2019，45（2）：61-73，196.

[178] 史雨星，李超琼，赵敏娟.非市场价值认知、社会资本对农户耕地保护合作意愿的影响 [J].中国人口·资源与环境，2019，29（4）：94-103.

[179] 史恒通，睢党臣，吴海霞，等.社会资本对农户参与流域生态治理行为的影响：以黑河流域为例 [J].中国农村经济，2018，397（1）：34-45.

[180] 左孝凡，王翊嘉，苏时鹏，等.社会资本对农村居民长期多维贫困影响研究——来自 2010—2014 年 CFPS 数据的证据 [J].西北人口，2018，39（6）：59-68.

[181] 劳可夫，吴佳.基于 Ajzen 计划行为理论的绿色消费行为的影响机制 [J].财经科学，2013，299（2）：91-100.

[182] 赵新民，姜蔚，程文明.基于计划行为理论的农村居民参与人居环境治

理意愿研究：以新疆为例 [J].生态与农村环境学报，2021，37（4）：439-447.

［183］石德生.社会心理学视域中的"社会认同"[J].攀登，2010，29（1）：72-77.

［184］孙旭友.垃圾上移：农村垃圾城乡一体化治理及其非预期后果——基于山东省 P 县的调查 [J].华中农业大学学报（社会科学版），2019，139（1）：123-129，168.

［185］毛春梅，蔡阿婷.农村垃圾共生治理：现实挑战、实践机理与路径优化 [J].农林经济管理学报，2020，19（6）：761-768.

［186］张梁梁，杨俊.社会资本、政府治理与经济增长 [J].产业经济研究，2018（2）：91-102.

［187］陈升，卢雅灵.社会资本、政治效能感与公众参与社会矛盾治理意愿——基于结构方程模型的实证研究 [J].公共管理与政策评论，2021，10（2）：16-30.

［188］杜春林，黄涛珍.从政府主导到多元共治：城市生活垃圾分类的治理困境与创新路径 [J].行政论坛，2019，26（4）：116-121.

［189］刘余，朱红根，张利民.信息干预可以提高农村居民生活垃圾分类效果吗——来自太湖流域农户行为实验的证据 [J].农业技术经济，2023（1）：112-126.

［190］张利民，郤雪婷，朱红根.农村生活垃圾分类治理的国际经验及对中国的启示 [J].世界农业，2022（7）：5-15.

［191］陈蒙.生活垃圾分类模式国际比较及其对中国的启示 [J].西安交通大学学报（社会科学版），2021，41（3）：113-122.

［192］徐璐.垃圾处理项目财政补贴价格影响因素研究 [J].城市建设理论研究（电子版），2020（10）：61.

［193］吕维霞，杜娟.日本垃圾分类管理经验及其对中国的启示 [J].华中师范大学学报（人文社会科学版），2016，55（1）：39-53.